新时代的敬业精神

吴浩◎编著

具有敬业精神是事业成功的前提

敬业精神源自对工作的信仰

做一个具有敬业精神的新时代员工

用**新时代的敬业精神**成就不平凡的自己

中华工商联合出版社

图书在版编目（CIP）数据

新时代的敬业精神 / 吴浩编著. -- 北京：中华工
商联合出版社, 2018.9
ISBN 978-7-5158-2412-3

Ⅰ.①新… Ⅱ.①吴… Ⅲ.①职业道德 Ⅳ.
①B822.9

中国版本图书馆CIP数据核字(2018)第188536号

新时代的敬业精神

作　者：	吴　浩
策划编辑：	付德华
责任编辑：	关山美
封面设计：	北京聚佰艺文化传播有限公司
责任审读：	于建廷
责任印制：	陈德松
出版发行：	中华工商联合出版社有限责任公司
印　制：	永清县晔盛亚胶印有限公司
版　次：	2018年10月第1版
印　次：	2024年1月第2次印刷
开　本：	710mm×1020mm　1/16
字　数：	220千字
印　张：	14
书　号：	ISBN 978-7-5158-2412-3
定　价：	58.00元

服务热线：010—58301130
销售热线：010—58301130
地址邮编：北京市西城区西环广场A座
　　　　　19—20层，100044
http：//www.chgslcbs.cn
E-mail：cicap1202@sina.com(营销中心)
E-mail：gslzbs@sina.com(总编室)

工商联版图书
版权所有 侵权必究

凡本社图书出现印装质量
问题，请与印务部联系
联系电话:010-58302915

目 录
CONTENTS

第一章
敬业精神是新时代优秀员工的必备品质

敬业

具有敬业精神是事业成功的前提

在工作当中，我们都希望能够成为企业和老板青睐的优秀员工，这是一种美好的追求。这种美好的追求离不开我们自身具备的良好职业素养。而具有敬业精神正是成为"优秀"员工的关键因素之一。一位具有敬业精神的员工一定不是一位平庸的员工，也是离成功最近的员工。

具有敬业精神是事业成功的第一步。在职场上，那些具有敬业精神的员工往往是工作认真的员工。他们明白，只有认真工作才可以将工作做好。具有敬业精神的人往往可以从工作中获得更多的经验，而这些经验就是他们发展的基础、成功的条件。

具有敬业精神就是喜欢、热爱自己的工作，把工作当成自己的使命，并全身心地投入其中。在工作中，上司和下属有各自不同的工作规划，做好自己该做的事情，不仅是我们的义务，更是我们的责任。因此，我们每一个人都应该担负起自己的责任，在自己的岗位上尽心尽力地做事。因为，所有的职位不分高低贵贱，都是整个企业运转不可或缺的一部分，你的认真态度、你的责任感是企业前进不可缺少的能量。

如果老板的身边缺乏具有敬业精神的员工，那么这个公司也不会得到太大的发展。如果我们具有强烈的敬业精神，那么自然能得到老板赏识，受到重视。

我们经常会看到很多有才华的人成为失业者，当和他们沟通时，发现他们对原有工作充满怨恨、敌视和厌恶，不是觉得工作环境不够好，就是认为老总没眼光，总之，怨声载道。殊不知，问题的关键就是这种骄傲自满的习惯使他们丢失了敬业精神，从而使他们发展的道路越来越狭隘。

在工作中，假如我们没有敬业精神，那么就不能成为一个合格的员工，也就难以担当重任。工作是自己选择的，对自己选择的工作都不能重视或者尊重，谁还敢把重要的任务交给你来完成呢？

麦当劳快餐连锁店前任总裁查理·贝尔是麦当劳的首位澳大利亚老板，他的职业生涯始于15岁。

一天，查理·贝尔看到一家麦当劳店在招聘，他想打工挣点零用钱，就去应聘了。他并没有想过以后在这里会有什么前途。他被录用了之后的工作是打扫厕所。虽然扫厕所的活儿又脏又累，但贝尔对这份工作十分负责，做得非常认真。

他对工作非常负责，常常是扫完厕所，就去擦地板；擦完地板，又去帮忙烘烤汉堡。他还能从店里员工之间的对话或表情来判断他们的情绪变化，他明白这直接影响着工作效率和服务态度。

贝尔的表现引起了将麦当劳打入澳大利亚餐饮市场的奠基人彼得·里奇的注意。没多久，里奇说服贝尔签了《员工培训协议》，让贝尔接受正规的职业培训。

培训结束后，里奇又逐步把贝尔放在店内的各个岗位上，学技术，学管理，学与顾客的交流互动。虽然只是做钟点工，但悟性出众的贝尔不负里奇的一片苦心，经过几年的锻炼，查理·贝尔全面掌握了麦当劳的生产、服务、管理等一系列工作。19岁那年，贝尔被提升为澳大利亚最年轻的麦当劳店面经理。

一个人行走在职场，具有敬业精神，表面上是为公司、为上司，实际上是为自己。具有敬业精神的员工，能从工作中学到比别人更多的技巧，而这些技巧就是你前进的航船，不管你在何方，敬业精神一定会给你带来巨大的帮助。

简单地说，具有敬业精神有两个好处：一是可以提高你自己的职业技能，有利于以后的发展；二是可以把工作完成得更好，对公司和上司负责，会得到赏识和重视。

无论是哪一家企业、不管是哪一个老板，都渴望自己的事业能一帆风顺。这样，他就自然而然地需要一个、几个乃至一批认认真真、踏踏实实工作的员工，需要具有强烈敬业精神和强烈责任心的员工。

具备敬业精神的员工之所以会受重视，是因为他们认识到敬业精神是一种优秀的工作品格。这样的员工会为企业的发展真正做出贡献。很显然，他们自己也会从中实现自己的价值。

从这一点来讲，具有敬业精神的员工才是老板重视的员工，也是最容易取得成就、实现卓越人生的员工。

我们经常会看到许多具有敬业精神的人取得业绩，而缺乏敬业精神的人常常毫无业绩可言。成功者和失败者的区别在于：成功者不管做什么，都力求达到最好，丝毫不会松懈，不会敷衍了事；而失败者则正好相反。

大刘，三十多岁，在一家大型商场任部门主管。多年来从事家电方面的工作经历，让他在自己的工作岗位上游刃有余。

　　一天，主管人力资源的副总找他谈话。原来有一位部门经理突然辞职，留下很多需要紧急处理的工作。副总已经和其他两位部门经理谈过此事，要求他们暂时接管那个部门的工作，但是他们都以手头上工作太多为由委婉拒绝了。副总问大刘能否暂时接管这一部门的工作。

　　实际上，大刘也很为难，因为他拿不准能否同时处理好两份繁重的工作。他仔细考虑了一下，最终还是决定接管那个部门的工作，并保证尽最大努力来完成。

　　接管后的第一天，大刘忙得不可开交。下班后他冷静下来，认真思考自己在新的形势下怎样在同一时间里完成好两份工作。他很快就制定出方案，第二天就落实了行动。

　　比如，他与办公室工作人员约定：上午集中精力处理事务性的工作，把下属汇报工作集中安排在下午上班后的前两个小时，这之后的所有时间安排接待、拜访，除非紧急、重要的邮件，一般的电话、邮件都集中安排在上午10点后和下午4点后回复，将一般会议中每人的发言时间缩短为8分钟，杜绝套话、空话、大话，而且要有充分的准备。

　　这样，工作效率有了明显提高，两个部门的工作都处理得很好。

　　两个月后，公司决定把两个部门合并为一个部门，由大刘全权负责，并且给他大幅度加薪。先前两个部门的经理虽说职位没动，但薪水却相差了一大截。

　　从这个故事中我们可以看到，具有敬业精神的人和缺乏敬业精神的人之间的差距。在企业需要你站出来的时候，你勇敢地站出来，而且实现了企业对你的期望，每个领导都会信任有着这样敬业精神的员工。

因此，我们必须时刻记住，我们的未来与我们的工作态度紧密相连。没有好的工作态度，没有敬业精神，我们就很难在工作中取得成就，甚至很难保障自己的生活。

了解了这些之后，我们就更能理解为什么我们要去做一名具有敬业精神的员工了。因为只有成为一名具有敬业精神的员工之后，我们才能够在工作中找到自己的方向、找准自己的位子。敬业精神能够给我们带来太多太多，我们的工作能力会在敬业中得到提升，我们的口碑会在敬业中得到彰显，我们的人生也将会在敬业中得到升华！

让敬业变成习惯

敬业精神能让人在自己的工作中变得更加的优秀，既可以很好地提升自己的业务能力，赢得老板的青睐，获得更好的晋升机会，也能够为未来的发展打下基础。

阿尔伯特·哈伯德曾说："一个人即便没有非常出色的能力，但是只要能够拥有敬业精神，就一定会获得人们的尊重。就算你的能力没有人可以超越，但是，没有最基本的职业道德，你依然会遭到社会的遗弃。"

确实是这样，具有敬业精神的人往往可以从工作中获得更多的经验，而这些经验就是他们发展的基础，是向上的条件。就算你以后更换工作，从事不同的职业，丰富的经验和好的工作方法也会带给你强有力的帮助，你从事任何行业都会获得成功。

吴杰是神舟五号的备份航天员，也是中国首批参与航天训练的航天员。1996 年，吴杰远赴俄罗斯接受航天员培训。因为梦想急切，他仅仅花了一年时间就完成了四年的训练科目，并把航天员训练技术带回中国。

到了俄罗斯的加加林中心进行训练，三天三夜，他们在零下 52 摄氏度的极寒区进行生存训练。在冰天雪地的艰苦情况下，在飞船仅仅带有应急食品的条件下，吴杰还节省出一天的口粮带回了国内，给研究食品的科研人员参考。

训练结束后，吴杰被授予联盟号飞船指令长最高证书。这是俄罗斯第一次将这个荣誉授予外国人。

吴杰成了中国最接近太空的人。回国后，吴杰成为中国首批航天员兼教练员，并将训练科目进行梳理总结，与队友们共同分享学习成果，练兵五年，时刻准备着。2003年，中国终于迎来了载人航天飞行计划，然而在综合考核中，吴杰以微弱差距落选航天员梯队。吴杰没有气馁，他将目光瞄准了两年后的神舟六号。

2005年，神舟六号计划搭载两名航天员升空，吴杰和另一位航天员搭档与另外两组航天员一起进入了飞行任务梯队，但最后又成为"备份"，只能眼巴巴地看着运载神舟六号航天飞船的长征二号火箭冲破天际。

一次航天任务的圆满结束，意味着下一个任务的开始，他必须继续认真学习，刻苦训练，为接下来可能的任务，时刻准备着。

2008年9月25日，神舟七号成功发射，这次驾驶神舟七号的航天员要执行出舱活动任务，而吴杰是最早学习这项技术的中国航天员，但航天员任务选拔有一套科学的选拔流程，每一次都必须要选择最适合执行这次任务的航天员。吴杰再一次落选了。

尽管一次又一次错失进入太空的机会，但吴杰丝毫不曾松懈，他永远时刻准备着。直到2013年，神舟十号即将飞天，然而这时的吴杰已经50岁了，达到航天员服役的最高年龄。20年的等待，吴杰虽然离自己的飞天梦越来越远，但中国离实现航天强国的梦想越来越近。

目前为止，航天员队伍中已经有五位停航停训，再也没有飞天的机会——吴杰、李庆龙、陈全、潘占春、赵传东，他们守望信仰，坚守寂寞，一次次落选，一次次坚持，十几年如一日地默默备战。他们带着深深的眷恋，离开了航天员大队，离开了他们用生命中最美好的年华为之奋斗的载人航天事业。"不管主份还是备份，都是航天员的本分！继续努力，不要放弃！"

敬业实际上不只是一个概念，更是一种实际的行动。如果我们可以将敬业当成一种习惯，那么，我们会发现，不但在工作中能够学习到各种各样的知识，而且还可以全身心地快乐工作。

有人曾经问英国的哲人杜曼先生，成功首先要具备什么条件？他回答说："喜爱你的工作。假如你热爱自己的工作，就算是工作的时间再长，工作得再累，你都不会觉得是工作，相反你会认为是在做游戏一样。"

不管从事什么样的工作，都需要认真、努力、敬业，让自己可以乐在其中，那么，就算是最为普通的工作，你也能够获得喜悦和成就感。

敬业是一种心态，是一种品质，因此，它也是一种可以养成的习惯。比如说，一个从来不迟到早退的人在"准时上班"这一方面可以说是敬业的，那么，他的这种敬业精神一定是自己的习惯养成的。或许他每天都会提前一个小时起床，或许他会将道路上可能会发生的拥堵都算进了自己的上班计划，不管怎么样，我们都可以从他身上看到敬业精神的体现。而这种品质，恰恰都是他的一些好习惯养成的。

因此，具有敬业精神并非是镜花水月，而是可以被培养出来的一种个人素质。

有一个年轻人从事建筑生意失败，身背了巨额债务，当时他感觉自己没有任何的出路。万般无奈之下，他只好改行去卖汽车。刚开始的时候，他根本就没有将推销员这份工作放在眼里，只不过是将其当作养家糊口的手段而已。

有一次，他经过努力终于将一辆汽车卖掉了。就在那个时候，他的内心有了新的想法。他掸掸身上的灰尘，告诉自己："既然我能做好这份工作，为什么不更加用心一点呢？"

从此以后，他将所有的心思都放在工作上。有一回，妻子给他打电话，说他的小儿子住进了医院，让他赶紧去医院。就在他准备回去的时候，一位顾客找上门来，告诉他说，新买的汽车刹车不好使，希望他能够尽快调一下。他二话不说，马上又投入到了工作中，一干就是几个小时。

当他疲惫地来到医院的时候，妻子已经搂着儿子进入了梦乡。他没有去打扰母子，而是在病房的墙角坐了一夜。等到第二天早上，他又早早地上班去了。

在第二个月，他一辆汽车也没有卖出去。不过，即便是这样，他也不失望。他告诉自己，任何工作都不简单，假如一遇到问题就退缩，那么，情况只会越来越糟糕。

有了这样的心态之后，他每天仍然坚持用最饱满的热情投入工作，无论是有意向的客户还是纯粹好奇的人，他都会一一回答他们的疑虑。

他的耐心营销最终赢得了越来越多人的青睐，慢慢地，他开始做出业绩，并一步一步地成为一名出色的推销员。他就是吉拉德，世界上最伟大的汽车销售员，平均每天他都能卖出去六辆汽车。

看了这个故事，也许你非常钦佩吉拉德的工作能力。但是，我们在欣赏他能力的同时，也不要忘记了他的敬业精神。他对待工作的态度，他对待每一个人的耐心，最终养成了他敬业的习惯，也让他获得了事业上的成功。

职场人生的价值主要在于敬业。我们不能够选择生命的长短，但是，我们可以选择在有限的生命中成就事业，实现自我价值。也许今天你并不是一个领导，也不能去管理其他人，但是你能有效掌握自己。或许你只是一个刚刚踏入职场的新人，还不知道如何去面对未来，但是，你能够很好地把握现在。做好了自己的工作，也能让你获得更多的发展。高尔基曾经说过："我向来是憎恶那些只为了自己的温饱而工作的人。人是高于温饱的。"我们的人生价值需要很多东西，不仅仅是工作的报酬。人需要有目标，有理想。假如一个人没有目标，那么，他和行尸走肉没有什么分别，没有任何的价值可言。

因此，我们在工作中不能仅仅只是追求报酬，而应当去追求更高的层次。具有敬业精神是工作中最基本的态度，也是我们实现个人价值最大化的最佳手段。保持敬业之心，让敬业成为一种习惯不光只是工作的要求，也是我们实现自身价值的要求。

敬业精神源自对工作的信仰

卡耐基曾这样说过："热爱人类，拥抱人类是我的信仰。"巴顿将军也说过："我离不开战场，因为在那里有我的信仰。"在工作中，我们也应该告诉自己："努力工作，那是我的信仰！"

很多人并不知道工作的意义。他们总是在问，人为什么要工作？每个人的答案是不同的。工作实际上就是我们维持生命的基础，是我们的天职。

社会是人的集合，没有人的话，也就不是社会；而人在社会中，就必须工作。在社会中，人和人的相互作用是以社会为前提发生的。我们个人更应该具有敬业精神。

有一天，一个老年乞丐见到了神，他希望神可以满足他三个愿望。神答应了他。

乞丐的第一个愿望，他希望自己非常有钱。神立刻就满足了他。当他成了有钱人后，乞丐又想要长生不老。他希望自己能年轻40岁。神又一次满足了他的愿望。老乞丐一下子就成了二十多岁的小伙子。

乞丐非常高兴，他害怕工作，因此就向神提出了第三个愿望：一辈子不要工作。神无条件地满足了他。但是，就在这个时候，他马上又成了一个整天蜷在街角、又老又脏的乞丐了。乞丐觉得很奇怪，于是问："为什么？我怎么又一无所有了呢？"

神告诉他说："工作的人才可以拥有一切，如果你整天什么都不做，那么，你就算有再多的钱，迟早也会挥霍完。到头来你依然是一个乞丐。只有不断投入工作，你才能获得金钱。现在，你把我给你的最大恩赐都扔掉了，当然，你也就一无所有了。"

这虽然是个故事，但我们可以发现，工作才是一个人必须做的事情，是我们生活的基本。也许你不会像乞丐那样一贫如洗，但是如果你像他一样不愿意工作，那么你就会成为一个一无所有的人。

工作是我们的使命，是我们幸福和欢乐的源泉，所有价值都是来自我们的努力工作，因此，我们需要用一颗真诚的心去对待。人们对工作的信仰实际上就是敬业精神的源头。我们只有敬畏自己的工作，信仰自己的工作，才可以感觉到自己的工作带给自己的神圣感和使命感，这样我们才可以获得事业的发展，获得生活的幸福，才能真正理解工作的价值和生命的意义。

现在，汽车已经成为很多家庭日常生活中的一个重要组成部分，谈到汽车，懂车的、不懂车的都知道两个著名的品牌——奔驰和宝马。这两个品牌的车历来都是德国汽车工业的经典代表，从高贵的外观到性能良好的发动机，几乎每一个细节都无可挑剔，而它们也很好地体现出了德国人对完美产品的不懈追求。而这种追求，便是他们敬业精神的体现。

日耳曼民族历来有一种近乎呆板的严谨、认真而闻名。而德国的工业产品正是得益于其民族的工作特性才能独步天下。

但很少有人知道，德国人的这种认真、严谨的敬业精神是从哪里来的？答案其实也很简单，那就是信仰。

　　德国是著名的"马丁·路德宗教"改革的发源地，路德给德国人带来了一个新的概念，那就是"天职"。对深受这种信仰影响的德国人来说，他们做一份工作、生产一件产品，并不是为了工资、为了谋生而做，而是为了完成"天职"。我们可以想象，这与只是为了领薪水、拿报酬而工作的人之间存在多大的差距。他们在工作态度上有多大的不同，制造出来的产品在品质上又会有多大的不同。而这一信仰，可以说是造就德国完美产品的核心要义。

　　对工作，人们的认识是不同的，一个人一个看法。但是，假如一个人把工作看作是烦琐事件的集合体，那么，他的人生将没有任何的意义。假如一个人可以将工作看作是自己的事业，以一种尊敬、虔诚的心对待工作，那么他就已经具备了敬业精神。

　　敬业精神是每个人都应该具有的。一个人如果没有一点敬业精神，那么，他就没有办法将自己和工作联系起来，就不会对工作产生崇敬之心。

　　20世纪，伟大的科学家爱因斯坦曾经说过，人是为劳动而生的。他觉得，人如果可以将自己的才华都奉献给工作，那才算是有意义的人生。要实现自我价值，要实现人生的理想，我们就一定要将工作当成自己的信仰，就应当具备敬业精神。

　　把工作当作是我们人生的信仰，只有这样，你才能真正认识到工作的意义。将我们的工作当作生命的信仰，你才知道自己工作的意义，你才会不甘平庸、不甘落后，你才敢在逆境中拼搏，在奋斗中成功；把工作当作生命的信仰，你的生活才会过得更充实，你的人格才会变得更完美，你的生命才会变得更有意义！

敬业才能立业

任何一家想要在日趋激烈的商业竞争中取胜的公司都必须设法使每个员工都能具有敬业精神。因为没有敬业精神的员工，企业就难以生产出高质量的产品，也无法给客户提供高质量的服务。

推而广之，假如一个国家想要立足于世界，也必须要使其每一个公民都能够具有敬业精神，警察要能够尽职尽责地为民众服务，军队要履行保家卫国的责任，人民代表应当勤于问政……只有每个人都做一行爱一行，我们的国家才能够强大。

由此可见，具有敬业精神是人的使命所在，是人类共同拥有和崇尚的一种精神。有的人可能会说，具有敬业精神的确对企业和社会有帮助，但对于我们个人而言又有什么作用呢？

其实，在企业中，具有敬业精神表面上看起来有益于公司、有益于老板，但最终受益者还是我们自己。

当我们将敬业变成一种习惯时，我们就能够从中学到更多的知识和经验，就能够从全身心投入工作的过程中找到工作的快乐，这种习惯或许不会有立竿见影的效果，但可以肯定的是，它一定能够给我们带来诸多益处。这一点，海底捞的员工就深有感触。

海底捞，是一家以经营川味火锅为主、融汇各地火锅特色为一体的大型跨省直营餐饮品牌火锅店。同时，它也是一家年营业额超过 30 亿元，员工人数超过 15000 人的大品牌连锁企业。

不可否认，海底捞就是一家火锅店而已，吃的东西也没什么特别的，无非就是那些菜品，味道也没什么特别的。但它就是火了。它的火爆很大程度上就是由其员工的敬业精神带来的。

2011 年 7 月，一条微博在各大网站上被关注，被众多网友转发，博文内容如下："海底捞居然搬了一张婴儿床给我儿子睡觉，大家注意了，是床！我彻底崩溃了！"

这位网友是在讲述自己在海底捞吃饭的过程中，看到服务员为了照顾她的儿子睡觉，而特意搬来了一张床。这种事情居然发生在餐厅中，所以网友一片惊呼。

之后，海底捞一系列的用心服务也被"好事儿"的网友在微博上爆料出来了，从"道歉饼"到"劝架书信"，再到"西瓜打包"……海底捞所能够提供的人性化服务已经超出了网友们的想象。随着此类传闻越来越多，一时间，"海底捞体"在微博上也开始流行起来。文体的内容大概都是"某天，我在某海底捞吃火锅，席间，我无意中说了一句……在我结账的时候，服务员居然……"而这种段子的最后总以"人类已经无法阻止海底捞了"结尾。

随着微博的迅速复制，网友们更加热情高涨，海底捞在网络上的话题搜索很快就超过了 80 万个，词条也达到了 400 万条。这个原本籍籍无名的四川火锅店成了人们讨论的话题和对象，许多人都对海底捞充满了期待。

顾客对海底捞员工的敬业精神推崇到了无以复加的地步。我们都有在外用餐的经历，对于那些服务态度"不错"的饭店，我们会说"服务态度不错"。但海底捞并不仅仅满足于不错，而是立志于将服务态度打造到最好。

他们聘请服务员甚至比招聘经理的标准还要严格。因为食客很多，经常要排队，餐厅就为等待的顾客提供免费美甲、美鞋、护手等服务，还提供免费饮料、零食和水果，还有节目表演。并且服务员来自五湖四海，可以找老乡服务，态度很热情。 服务周到，在卫生间里也会有专人服务，包括开水龙头、挤洗手液、递擦手纸等。为了方便带小孩用餐的顾客，他们甚至开辟了专门的游乐场地，安排专人管理。其服务态度和敬业精神已经不仅仅是"不错"可以形容了。

而这些员工的敬业精神也让他们收获了许多，其中最重要的一条就是"立业"。

现在很多海底捞的员工，从片区经理到店长、组长甚至是普通的服务员，只要他们离职，一般都会有其他的火锅店找上门来。有的火锅店为了挖人，甚至专门会到海底捞进行卧底。为什么？因为他们看重这些人在海底捞培养出来的敬业精神，这些企业相信，他们的敬业精神能够让海底捞蒸蒸日上，也一定能够给自己的企业带来活力。

其实，敬业与立业之间有着千丝万缕的关系。当然，我们这里所说的立业并不一定就是创造一份属于自己的事业，它也可以是我们在某一个岗位上做到最好，做到无可挑剔。敬业和立业之间的关系，我们可以做一个简单的逆向推测：假如有一个不敬业的人，他上班三天打鱼两天晒网，在工作中，他为了偷懒随便应付，像这样的一个人我们能够说他有良好的发展前景吗？

与之相反的是，如果一个人身上有着令人敬佩的敬业精神，那么无论是给别人打工还是创业，这种敬业精神都会给他带来无尽的财富和机会。

某公司有这样一位行政总监。从他到公司工作的那一天开始，他就认真、努力、敬业，无论做什么事情，他都会主动去承担责任。有很多工作并不是他分内的事，但是他依然会主动去做。每天上班，他是第一个来到办公室，也是最后一个离开的。虽然说，没有人给他加班费，但是，他依然非常努力地去加班，只是为了工作的进度可以提前一点。他总能提前完成主管交给他的工作，而且每次都做得非常完美。

很多时候，其他的同事会嘲讽他，觉得他这么做实在是太傻了。然而，他并不在乎这些人的嘲讽，依然坚持着自己的工作态度以及做事的原则。他做得越多，对公司各方面的了解也就越来越多，慢慢地他就掌握了更多的技能，公司也就越需要他。

他的工作越来越出色。他的表现经理都看在眼里。总经理交给他一两件事去办理，结果办得非常漂亮。后来，总经理就干脆把更多的任务交给他去完成，有时候也会让他参与公司的一些重要会议。

有同事对他说："总经理让你做那么多的事情，你应该要求加薪。"

然而，他并没有这样去做。他知道自己得到的非常多，无论是在工作上，还是在人脉上，甚至有的方面已经超过了同部门的老员工。这些收获，要比加薪更有价值。

实际上，总经理给他增加任务就是在考察、培养他。经过一段时间，总经理发现他有了非常大的进步，于是将原来傲慢又不肯承担责任的经理解聘，让这个普通的职员取而代之。人事任命公布后，整个集团都震惊了。人们都在议论纷纷，总经理说出自己的看法："从这个年轻人身上我看到了一种非常宝贵的东西，这是我们公司最需要的东西，那就是敬业精神。实际上，他的管理能力和经验不够丰富，但是，他有勤奋、敬业和忠诚的态度，有了这样的态度，还怕不能够胜任经理的工作。"

事实证明，总经理没有看错他。这个年轻人在刚上任的一两个月里确实非常有压力，但是没过多久，他就表现出了游刃有余的愉快神情。这是他的勤奋、敬业和忠诚在帮助他。

中国人常说"三十而立"。这"三十"指的是人的年龄，"而立"则是成家立业。或许很少有人去研究为什么30岁才是成家立业的最佳时期。其实道理很简单，因为一个到了30岁的人在职场上就已经有了一段时间的磨炼，如果他足够努力，立业的条件他就应当足够具备了。而这些条件中，"具有敬业精神"是必不可少的，一个在职场上摸爬滚打了十来年的人，应当具备了良好的敬业精神，也应当具备了立业的条件。

因此，我们可以说，一个人想要立业，就必须具备敬业精神，因为敬业能够带给他立业的条件，他的工作能力、工作心态、人脉关系、经验都可以从敬业当中获得。

在职场中，人与人之间的差距与其说是一种能力上的差距，倒不如说是敬业精神上的差距。无数商业名流的故事告诉我们，在这个社会，走在最前面的永远是那些具有敬业精神的人！

做一个具有敬业精神的新时代员工

在职场中，那些具有敬业精神的员工往往是工作认真的员工。他们明白，只有认真工作才可以将事情做好。

美国的零售业大王杰西·彭尼曾经这样说过，一个人如果想要获得成功，那么最明智的办法就是去选择一份你不想去做，而且报酬也很少的工作。这样的工作只是让你暂时失去了美好的生活，但你会更加努力、更加认真地去工作以保证自己能够养家糊口。彭尼的这番话当然只是一个极端的比喻，而这也从侧面说明了，一个认真工作、具有敬业精神的人所拥有的能量。

然而，很多的人却在想，自己不过是在为老板打工，只是为了挣份工资而已，何必那么拼命呢？当然，员工给老板打工，老板给员工报酬，这是工作价值最基本的体现。但我们很多人并没有看到，企业除了给予我们工资之外，实际上还给了员工其他的东西。比如，员工在得到报酬的同时，他们也得到了工作的经验，得到了良好的培训。而且工作对个人职业品质的提升，人际圈的扩展等都有了一定的帮助。这些东西是员工一辈子都享用不尽的财富，即便是再多的金钱都买不来。

对那些糊弄工作的人来说，他们只知道怎么样去得到工资，而没有一个对自己事业的长期规划。他们这样去做，实际上是在浪费自己的生命，根本就不可能获得事业上的成功。

糊弄并不是一个好的工作习惯，这是一种不敬业的工作态度。对那些工作不认真，工作消极的人来说，他们的工作只是为了获得一定数额的报酬。殊不知，在巨大的竞争压力下，企业需要的恰恰不是这种人，而是那些认真且具有敬业精神的员工。

王军翰在一家非常有发展前景的公司工作。有一天上午，他参加了销售部门召开的会议，领导布置工作，由他统计一组数据。到了下午，王军翰接到了一份会议纪要，发现这份会议纪要除了有一点简短的会议介绍之外，其他的都是满满的表格。那些详细的表格和数据是王军翰最头疼的了。然而，上司规定一定要在两天内将所有的数据都统计完成，并且汇总成书面报告。

王军翰一想，在这么短的时间内根本无法保证工作的顺利完成，于是，他抱着侥幸心理敷衍了事，希望可以蒙混过关。然而，最终还是让老板发现了，他不仅受到了处分，也失去了获得晋升的机会。

其实，当我们的工作中遇到困难的时候，我们更应该具有敬业精神，尤其是在棘手的问题面前。我们要从实际情况出发，认真分析，做出决策。这样自然会顺利有效地完成工作。

对一个具有敬业精神的人来说，他们会把"敬业"铭记在自己的心中，无论是在实践中，还是在生活中，他们都会积极主动，勤奋认真地做事。他们这样做不只是为了获得更多的薪水、丰厚的工作经验，他们还为了体会工作中的乐趣。我们常常会看到一些不敬业的员工，他们总是自作聪明，在工作中偷懒，做事情不负责任。在他们的头脑中根本就没有敬业精神的概念，当然，也就不会将敬业看作是一种神圣的使命。一个具有敬业精神的员工，不管什么时候都是认真负责的，他们做事一丝不苟，站在这样一群不具有敬业精神的人当中，自然就会显示出他们的特别，得到老板的关注，总有一天他们会得到老板的重用和提拔。

具有敬业精神所能够换来的不只是可以享用的财富。我们要在工作中培养良好的敬业精神，有了敬业精神，也就有了成功的保障。

具有敬业精神，实际上是一种对待工作的态度，是一种荣耀。一个人具有敬业精神，就可以剔除私欲、净化心灵，从而获得工作上的进步，在工作中就能始终保持蓬勃的朝气和昂扬的锐气。假如我们缺乏敬业精神，那么，所有的一切都是空谈。

敬业精神，不仅仅是工作要求，更是一种务实作风和勤恳态度的表现，是一种品质。

在一些公司里，上级要求员工去做事情，就算是三番五次地催促，有的员工也不会认真去做，根本不放在心上。还有一些员工在接到任务之后，不是消极应付，就是找事情推脱，"这事不该我负责""我还有其他事情要做，太忙"。有的人虽然没有什么怨言，但是他们心里根本就不愿意将工作做好。甚至，有的员工早就将任务抛到九霄云外，等到上司来问结果的时候，他才突然想起来。他们不去反思自己，而是在找借口，说事情太多啦，工作的条件不具备啦。实际上，这就是不敬业的表现。毫无疑问，这种员工的存在对企业来说并不是什么好事。

相反，有的人不管是老板亲自安排的任务，还是自己发现的事情，他们都会主动去做，并尽量圆满完成工作；即便是遇到问题，也不会提出任何不着边际的借口；他们会毛遂自荐，排除万难，为公司创造巨大业绩；

在工作中也会认真工作，有始有终。对这样的员工来说，他们是具有敬业精神的，是值得称赞的。

"敬业精神"四个字包含的内容非常多，具有敬业精神的人需要勤奋、忠诚；具有敬业精神的人需要服从、纪律；具有敬业精神的人需要责任、专注。一个具有敬业精神的人，自然也是一个勤奋的人，是一个值得信赖的人，是一个能够干大事的人。

一个人在工作上能否取得成就，主要是取决于他的敬业程度。具有敬业精神的员工，不只是能够很好地完成工作，更为重要的是，他要怀抱着一种热忱去工作，将自己的事业当成是一种使命，时时刻刻保持责任感。

敬业能够带来个人的发展。一个具有敬业精神的员工，公司愿意花更多的时间去培养他。同时，具有敬业精神的人可以在工作中学到更多的经验，有了这些经验，就不怕没有好的未来。即便你以后去了其他的公司，从事不同的行业，你的敬业精神依然可以给你带来巨大的帮助。将敬业变成一种习惯，无论你从事什么行业，你都能获得成功。

作为一个职场人士来说，具有敬业精神可以让你在职场中提升自己、拓展事业，可以让你获得他人的称赞，是所有的职场人士都应该具备的品质。所以说，企业需要具有敬业精神的员工。同样，员工要想在企业中得到长足的发展，也离不开敬业精神。

敬业是一种坚守

据说，古希腊哲学家苏格拉底是一个才思敏捷的智者，当时，很多人慕名前来想要拜他为师。这些学生大多都天资聪颖，能问一答十。

开学第一天，苏格拉底对学生们说："今天咱们只学一件最简单也是最容易的事儿。每个人都把胳膊尽量往前甩，然后再尽量往后甩。"说完，苏格拉底就当着诸位学生的面儿，亲自示范了一遍，"从今天开始，同学们每天都坚持做300下，大家都能做到吗？"

学生们都哈哈大笑起来，这么简单的事儿，压根就没有一点技术含量，又有何难呢？过了一个月，苏格拉底笑着问同学们："每天甩手300下，请问有哪些同学还在坚持着？"

话音刚落，有90%的同学都得意扬扬地举起了自己的手，苏格拉底点头称是。又过了一个月，苏格拉底再次抛出同样的问题，这一回，还在坚持每天甩手300下的同学仅剩八成。

一年过后，苏格拉底再一次问大家，"请问，现在还有哪几位同学坚持每天甩手300下？"此时教室里鸦雀无声，只有一个人举起了手。这个坚持到最后的同学，后来成为世界上伟大的哲学家，他就是鼎鼎大名的柏拉图。

从这个故事中，我们可以发现成功往往是熬出来的，生活中那些看似简单容易的小事，其实也是最难做成的大事。这句话并不矛盾，说它简单容易，是因为只要愿意动手去做，我们一般都能完成；说它难，是因为能够坚持将它做下去的人，终究是寥寥无几。

一个小小的甩手动作，随着时间的流逝，能够将它坚持下来的人一天比一天少，最后仅剩下柏拉图一人。尼克松说："累了就歇在路边的人是不会得到胜利的。"柏拉图的坚持刚好体现了他骨子里的那一股韧性，因此，和其他"累了就歇在路边的同学"相比，柏拉图无疑是最早尝到胜利果实的那个人。

具有敬业精神亦是如此，半途而废者经常会说"时时刻刻都保持敬业精神太难了，我也需要让自己喘一口气"，而能够持之以恒的人却觉得"再努力坚持一步，成功就在不远处"。两种不同的工作态度，造就的往往也是两种截然不同的人生，无数的事实证明，前者在事业上总是不如后者要来得成功。

屠呦呦，中国首位获得诺贝尔生理学或医学奖的本土科学家。为了一个使命，执着于千百次实验，萃取出古老文化的精华，深深植入当代世界，帮人类渡过一劫。

屠呦呦继 2011 年荣获拉斯克奖临床医学奖、2015 年荣获诺贝尔生理学或医学奖之后，2016 年获中国国家最高科学技术奖，成为有史以来获此荣誉的第一位女性科学家。

问世 40 年来，青蒿素已经挽救了数百万人的生命。屠呦呦的悠悠芳草之心，发散着暗香，经年不衰。即便获得诺贝尔生理学或医学奖之后，关于她的报道铺天盖地，但实际上，她很少出现在公众视野，顽强"抵抗"着外界的关注。

1967年5月23日，我国紧急启动"疟疾防治药物研究工作协作"项目，代号为"523"，屠呦呦被任命为"523"项目中医研究院科研组长。项目背后是残酷的现实：由于恶性疟原虫对以氯喹为代表的老一代抗疟药产生抗药性，如何发明新药成为世界性的棘手问题。要在设施简陋和信息渠道不畅通的条件下，短时间内对几千种中草药进行筛选，其难度无异于大海捞针。由于实验室没有配套的通风设备，加上经常和各种化学溶剂打交道，屠呦呦很快就患上了结核、肝病等多种慢性疾病。但这些看似难以逾越的阻碍反而激发了她的斗志，通过翻阅历代本草医籍，四处走访老中医，甚至连群众来信都不放过，屠呦呦终于在2000多种中草药中整理出一张含有640多种草药、包括青蒿在内的《抗疟单验访集》。可在最初的动物实验中，青蒿的效果并不出彩，屠呦呦的寻找也一度陷入僵局。

在查阅了大量文献后，屠呦呦意识到可能是煮沸和高温提取破坏了青蒿中的活性成分，她改用沸点较低的乙醚进行实验，尝试在不同摄氏度的条件下制取青蒿提取物。在失败了190次之后，1971年10月4日，屠呦呦终于如愿以偿地从第191号样品中获得了抗疟效果达到百分之百的提取物。1972年，屠呦呦和她的同事们在青蒿中提取到了一种无色结晶体，他们将这种无色的结晶体物质命名为青蒿素。为进一步完善这种新型特效药物，屠呦呦还率队历时六年，排除干扰，克服困难，成功开发出了一种抗疟疗效比青蒿素高十倍，但复发率却极低、用药剂量更小、使用起来更方便的抗疟新药物，即双氢青蒿素。1990年3月，双氢青蒿素一举通过了技术鉴定，成为人类抗击疟疾的"有效武器"。

青蒿，南北方都很常见的一种植物，郁郁葱葱地长在山野，外表朴实无华，却内蕴无穷的魔力。屠呦呦说，她只是一个普通的植物化学研究人员，但作为一个在中国医药学宝库中有所发现，并为国际科学界所认可的中国科学家，她感到自豪。

罗曼·罗兰曾说："与其花许多时间和精力去凿许多浅井，不如花同样的时间和精力去凿一口深井。"屠呦呦就是勇于凿深井的最佳代表。她坚持将工作之井凿下去，不见活水誓不罢休。这大概也印证了那句俗话"只要功夫深，铁杵磨成针"，坚持往往就是胜利，只有勇敢地闯过去，我们才能达到一片全新的天地。

骐骥一跃，不能十步；驽马十驾，功在不舍。同理，我们要想在职场大放异彩，一蹴而就绝对不是成功的秘诀，关键还是要拿出像滴水穿石那样持之以恒的敬业精神。成功的人告诉我们，无论我们的能力有多强，我们都需要从最基础的工作开始做起，只有我们用心做好每一天的工作，我们才有机会脱颖而出，才能够做到更好，获得职业的发展。

具有敬业精神一时是简单的，具有敬业精神一世是困难的。但只要我们不轻言放弃，或许只要再坚持往前迈进一步，就能推开眼前那张通向成功的虚掩的门。

第二章
责任是敬业精神的最好体现

敬业

有担当就是敬业

在职场中，一些人总习惯于逃避责任，当自己工作出了问题的时候，他们习惯于将问题交给别人，不愿意自己去解决，这其实是非常不妥的。我们都知道，一个具有敬业精神的员工也一定是一个能够独立承担责任、勇于担当、从不逃避问题的员工。因此，我们在工作中一定不能逃避担当。

每个人或多或少都有一些"鸵鸟情结"，他们害怕长大，害怕失去童年时代的无忧无虑和天真烂漫，最后不得不在生存压力的步步紧逼下，出落成一个靠自己的脊梁撑起一片天的"硬汉"或"烈女"。这种情结尤其在职场上屡见不鲜。众所周知，每当投身在犹如"高压锅"一般的职场生活中时，大伙儿的"工作"实质无非就是为公司老板分忧解劳，终结一些迫在眉睫的麻烦和问题。但趋利避害毕竟深深扎根于人性之中，许多职场人士在面对烫手的山芋时，往往选择缴械投降，做一个并不光彩的逃兵。

其实，既然人生注定是一场充满"疼痛"的演出，我们除了勇敢地面对摆在眼前的各种问题，让自己成长，实在想不出更好的办法。

我们最大的幸福就是让自己有一方避风挡雨的栖身之所，从此不用再为基本的生存问题而愁眉苦脸、忧心忡忡。认识到这一点之后，我们应当明白"鸵鸟心态"之于职场打拼的人是百害而无一利的。要知道，逃避或许会让我们免于一时的困窘和麻烦，但从长远来看，这只会让我们深陷"屋漏偏逢连夜雨"的连环霉运，最终无力自拔。

面对如此窘境，有的人曾将这一切的不幸归咎于"屋漏"和"连夜雨"，可这要怪也只能怪我们自己，为什么这么说呢？一方面，要怪我们没有对屋子进行过仔细地检查，如果我们能及时地发现屋顶的不严实，就不会因为一场小雨，让自己的小屋变成水乡泽国。另一方面，要怪我们没有留心天气的变化，如果我们能提前得知会下雨，那我们只需对屋顶做一下简单地修葺就行了，最后也不至于被雨淋得像一只落汤鸡。

行走职场正是这么一个理儿。逃避担当只会让问题如滚雪球一样，越滚越大，最后落得个无法收场的惨淡局面。有位作家曾说："人的一生之中，总有几次看似微不足道的小事，促成未来的命运转折。"很多时候，我们总是习惯于逃避内心深感麻烦的问题和责任，可殊不知，我们的命运竟然在逃避的姿态中竟然江河日下，直至我们幡然醒悟悔不当初。

李君秀在一家教育机构担任作文老师，生性温和胆小的她，虽然授课能力比其他老师要高出一筹，但课堂驾驭能力却时常捉襟见肘。在她的课堂上，总有学生窃窃私语，不认真听课，甚至有些胆大的学生，竟然把李君秀当成一只不敢发火的"病猫"，总是和别的学生打打闹闹，有时还语出不逊，公然挑衅李君秀，"你敢拿我怎么样，大不了退钱，我不来了！"

刚开始，李君秀还板起面孔，端起为人师表的架子，严肃地批评调皮的学生几句，可有些学生还是不以为然，坚持我行我素。李君秀心想，我又不是公立学校的老师，自然没有什么威信可言，学生们反倒是自己的衣食父母，得罪了他们，我以后难不成喝西北风去？

于是，她干脆任由这群调皮的学生在课堂上胡言乱语，嬉笑打闹，自己眼不见为净，耳不听为清，只专心致志地讲自己的课，颇有学生时代"一心只读圣贤书，两耳不闻窗外事"的抽离范儿。可大伙儿都知道，教师这个职业的辛苦之处，往往不在于授课的复杂和艰难，真正需要老师花费心思的还是整个班级的学生们。

倘若李君秀不能树立自己的威信，管理好整个班级，维持班级的正常秩序，塑造良好的学习氛围，那她无疑就不能算是一名称职的教师。事实也证明了这一点，李君秀对责任的百般逃避，终究换来了班上部分学生和家长的抗议，他们一致认为李君秀没有做好自己的本职工作，她所任教班级的纪律差得一塌糊涂，有心学习的学生根本无法集中精力好好听课。

事后，公司老板严肃地对李君秀说："小李，身为一名老师，尤其还是作文老师，你怎么能'遇事头如憋'呢？遇到问题，别总想着掩耳盗铃自欺欺人，你得把课堂纪律管好，最后才能把课教好啊！下一次，我再也不想听见学生和家长们的这类抱怨了，你自己看着办吧！"

生活中，我们经常会用这样一句话来开导自己："该是你的，就一定是你的，不该是你的，也勉强不来。"其实，责任也正是如此，是我们的责任，如果不主动承担，那么它最终还是我们的。

李君秀没有弄清楚这一点，一味地逃避自己维护课堂纪律的责任，没想到这反倒影响了她一心想要做好的授课工作。这大概就是所谓的"因小失大"吧。在这儿，建议大家在处理工作中遇到的问题时，采取以下三个简单的步骤，逐渐将脚下的荆棘连根拔起，消灭殆尽。

首先，我们应该先用一点时间累积解决问题的能量，不要毫无准备地扎进问题中，务必事先做一套暖身操，然后再蓄足精气神往前奋进。这样做的好处就是让自己的内心充满勇气和力量，塑造解决问题的良好气氛，让心情处于一种不逃避且沉着冷静的最佳状态。

安抚好自己的心情后，我们接下来就要仔细考虑解决问题需要哪些资源，或是需不需要求助于他人。正所谓"三个臭皮匠，赛过一个诸葛亮"，有时候认真听取一下别人的建议，我们行动起来或许更有底气、自信和方向。

最后，我们就可以找出适合自己的方法，展开行动，每走完一步，再根据结果修正下一步的路径。既然一口吃不成胖子，那我们就得一口一口来，再难的问题，只要我们耐心地把它分成好多阶段，也能一个阶段一个阶段逐个击破，哪怕每天只能消灭一小段，也好过逃避无为。

一个具有敬业精神的员工一定是一个能够主动承担责任、勇于担当的员工，这种承担正是代表着"爱"和"敬"，因为没有人会想着逃避自己所爱所敬的东西。如果我们希望自己也能够成为一名具有敬业精神的员工，那么就必须要主动承担起属于自己的责任来，做好了这一步，我们才能够继续完善自己，让自己在敬业的道路上走得更远。

工作就意味着责任

比尔·盖茨曾经说过："人可以不伟大，但不可以没有责任心。"每一个企业都由不同的成员组成，每一个成员的努力程度，都将影响整个企业的运作。如果你对工作不负责任，整个企业就会因为你的失职而出纰漏，所有人的利益都将因为你而遭受损失，其中也包括你自己的利益。一个没有责任心的人在企业中也不会发挥他的主观能动性，他们最常表现出来的就是混日子的态度。

乔治经过面试到一家钢铁公司上班，工作还不到一个月，他就发现了问题：每次炼铁的时候，很多矿石还没有得到充分的冶炼就被扔掉了。如果一直这样下去的话，公司无疑要遭受很大的损失。但是大家好像对这件事情都熟视无睹，乔治决定向负责人汇报这件事。但负责人不以为然，他认为乔治只是一个到厂不足一个月的普通工人，他所提的建议并不值得重视。而且，工厂的工程师都没有意见，可见不会有问题。于是，他对乔治的意见随便做了个记录，就让他回去了。

过了几天，乔治见问题并没有解决，就找负责冶炼的工程师提出了自己的意见。工程师很自信地说："我们工厂的冶炼技术是世界上一流的，怎么可能会有这样的问题呢？"工程师是名牌大学毕业的高才生，同样不将乔治放在眼里。

虽然自己的意见没有被接纳，但是乔治不肯罢休，他想了想，从那些扔掉的还没有冶炼完全的矿石里面拿出一块来，去找公司负责技术的总工程师。见到总工程师之后，他将手中的矿石拿给他看，然后说："先生，我认为这是一块没有冶炼好的矿石，您认为呢？"

总工程师仔细地看了看，就说："不错，这块石头里的含铁量很高。你从哪里得来的？"

乔治说："这是我们公司炼铁剩下的。"

总工程师大为吃惊，他简直不敢相信会有这样的事。他向乔治了解了事情的整个经过，然后和乔治一起到车间查看。原来是机器的某个零件出现了问题，才导致了冶炼的不充分。

总工程师将这件事汇报给了总经理。第二天，总经理来到车间，宣布任命乔治为负责技术监督的工程师，这一点就连乔治也觉得很意外。

在任命乔治后，总经理感慨地对周围的工人说："我们公司并不缺少工程师，但是却缺少负责任的工程师。这么大一个工厂，如此多的工程师，却没有一个人发现这个问题。当有人提出问题的时候，他们还不以为然。对于一个企业来讲，责任感比任何人才都更重要。"

一旦你加入了某个企业，你们的命运就紧密地连在了一起，企业的兴衰荣辱也就是你的兴衰荣辱，企业的利益就是你的利益。所以，应该像对待自己的家一样对待企业。

很多员工总想着做完自己的工作，领完每个月的薪水就可以了，其他的事跟自己并没有什么关系。你以为这样就不会影响到自己的利益了吗？如果企业里的员工都对企业不负责，那么企业的利益就很容易遭受损失。

企业的利益遭受损失，员工的利益就会受到影响。所以，每个员工都应该将企业视为自己的企业，认真负责地处理好自己每天的工作，并时刻提醒自己："我是在自己的企业里为自己做事。"这样，你才能具有更强烈的责任感，做好自己的工作，尽到自己应尽的职责。

周伟是一家大型滑雪场的普通修理工，这家滑雪场引进人工造雪机在坡地上造雪。

有一天晚上，周伟深夜出去巡夜，看见有一台造雪机喷出的全是水，而不是雪，这是造雪机的水量控制开关和水泵水压开关不协调造成的。他赶忙跑到水泵坑边，用手电筒一照，发现坑里的水快漫到动力电源的开关口了，若不赶快行动，将会发生动力电缆短路的问题，这会给公司带来重大损失，甚至可能会危及许多人的生命。

在这种情况下，周伟不顾个人安危，跳入水泵坑中，控制住了水泵阀门。他把坑里的水排尽，重新启动造雪机开始造雪。当许多同事赶过来帮忙的时候，周伟已经把问题处理妥当了。这时候，他浑身颤抖得走不动路了。大家连夜把周伟送入了医院，他差点儿落下身体上的伤残。

因为周伟的英勇行为，公司避免了重大的损失，他因此受到了公司的表扬和嘉奖，并把他从一名修理工，提拔到了部门经理的位子上。

本杰明·鲁迪亚德曾经说过："没有谁必须要成为富人或成为伟人，也没有谁必须要成为一个聪明人；但是，每一个人都必须要做一个负责任的人。"员工的责任感是一个企业最宝贵的财富，也是企业制胜的坚实后盾。一个能够负起责任，将企业的命运视为自己的命运，将企业的生死存亡视为与自己切身利益相关的人，才能在任何时候、任何地方，以企业的利益为重。

其实每一个老板都清楚他的企业最需要什么样的员工。一个员工有时就代表了一个企业的整体，所以，身为员工，不要以为自己只是普通一员，其实你能否担当起你的责任，对整个企业而言，有很大的意义。

责任心是成为企业里最可爱的员工的前提，无论你现在从事何种职业，也无论你选择这份职业的初衷是什么，总之，既然选择了，就要热爱这个职业。所谓"在其位就要谋其事"，说的就是这个道理。

在任何一家企业里，领导有领导的责任，员工有员工的责任。只有做好自己该做的事情，在自己的轨道里运行得最好，才是最负责任的表现。

责任永远都胜于能力

一个有责任心的人，给他人的感觉是值得信赖与尊敬的人。而对于一个没有责任心的人，没有人愿意相信他、支持他、帮助他。

威尔逊是美国历史上一位伟大的总统，在这个位置上，他深知自己的责任与义务，并且他也认为，做一些超出自己范围的事情，总会得到更多的回报。他曾经说道："我发现，强烈的责任心是与机会成正比的。"

幼年的戴高乐在与兄弟玩战争游戏时，总坚定不移地由自己来充当法兰西一方。他坚持称"我的法兰西"，决不准任何人对其染指，甚至不惜为此与他的哥哥打得头破血流，直到他的哥哥无奈地承认："好了，我不和你争了，是你的法兰西，是你的。"或许这就是天意，日后果然是戴高乐担当了拯救法兰西民族危亡的大任。

这也说不上是天意，因为戴高乐自小就始终以拯救法兰西为己任。

勇于担当大任，就是应该清楚地知道什么是自己必须做的，不需他人强迫，不要他人吩咐。

第二次世界大战初始，法国投降，剩下英军孤立无援地同纳粹德国作战。骄傲的德国人以为接下来他们的任务就是准备迎接"胜利"的到来。

1940年7月19日，希特勒在帝国国会作了长篇演说，先是对丘吉尔进行了一番臭骂，而后要求英国人民停止抵抗，并要求丘吉尔作出答复。而就在他的这番话发出不到一个小时，英国广播公司就用一个简单的词做出了答复：NO！

后来丘吉尔回忆说，这个"NO"不是英国政府通知广播电台的，而是广播电台的一个播音员在收到希特勒的演讲后，自行决定播出的。丘吉尔从内心为他的人民感到骄傲。何止是丘吉尔，读到这个故事的每一个人，又有哪个不为这个敢当大任的播音员叫好？

曾经的诺贝尔文学奖得主，马丁纽斯·比昂逊在从事文学创作的同时，还是一位社会学家，他说："一个人越敢于承担责任，他就越会意气风发；如果一个人有足够的胆识与能力，那他就没有什么该讲而不敢讲的话，没有什么该做而不敢做的事，更没有什么心虚畏怯之处。"托尔斯泰也曾经说过："一个人若是没有热情，他将一事无成，而热情的基点正是责任心。"

"焊接，当年在我的印象中就是修水管、堵暖气漏洞的，有什么技术含量？所以刚进入学校时我不爱学。"直到三个月后，老师带领焊接班去工厂参观，与焊接技术"零距离"，一下点燃了高凤林的兴趣。"结构的复杂、没见过的特殊材料以及各种操作手法，让人大开眼界，跟我认知中的焊接完全不同。师傅说，一些导弹90%的结构，都要通过焊接完成。"

高凤林的第一任师傅对他讲："别看不起焊接专业，操作机床的工人都是咱们挑剩下的。"那时候，中国刚开始制造导弹，无法自己生产氢气，要从东德进口。一瓶普通的氩气，在 20 世纪 70 年代就三万元，高纯度的氩气，价格直升到六万元。因此，当年培养一个焊接火箭的氩弧焊工，就相当于培养一个飞行员的价格。

那时候，工厂的学习氛围特别浓厚。为了保证焊接产品的质量，高凤林和同事们没事儿就"加练"。排队吃饭的时候，习惯性拿筷子比划焊接的动作；喝水的时候，顺便端平装满水的大茶缸练习稳定性；休息的时候，举着铁块儿练耐力、平端砖块练稳定性，一端最少半小时。

肯学、肯干、肯吃苦，又喜欢动脑琢磨，21 岁时，高凤林就解决了大型真空炉的熔焊问题，在队伍中崭露头角。然而，他并没有因此高兴，反而陷入了另一种茫然和无助，感觉自己的知识已经不能满足工作需要，在写下"绝不影响工作"的保证书之后，他重新捧起了课本。

慢慢地，高凤林成为航天领域内知名的能工巧匠。2006 年，由世界 16 个国家和地区参与的项目，在制造中遇到了难题。丁肇中教授提出要绝对无变形的焊接，从 16 个国家请来的焊接高手，都表示无法达成，只能做到微变形。在这种情况下，高凤林被丁教授的秘书请来，做最后的尝试。一向低调的高凤林在听取两个小时的汇报后，提出了这两种设计的弊端，并阐述了自己的思路。结果，问题得到解决。

在专业领域闻名全国，高凤林成为名副其实的"大国工匠"。

在我们身边的职场中，许多员工习惯于等候和按照上级的吩咐做事，似乎这样就可以不负责任，即使出了错也不会受到谴责。这样的心态只能让别人觉得你目光短浅，而且上司会觉得你能力不够，永远不会将你列为升迁的人选。

没有责任的人生轻飘飘，不负责任的工作乱糟糟。责任催人奋进，责任使人卓越。假如你想要在公司迅速得到提升，那么就把公司的每一件事情都当作自己的责任吧！

工作容不得半点不负责任

当今社会，企业间的竞争越来越激烈，员工对工作的不负责任有可能导致整个公司遭受巨大的损失。在数学上，100减1等于99这是不争的事实，而在工作中，100减1得出来的答案往往是零。

所以，身为员工，对于自己职责范围之内的事情，我们必须按质按量地完成，千万不要觉得自己不去做，别人就会代替我们去做，更不要觉得自己不负责任，别人不仅不会发现，就算发现了也不会责怪我们。事实上，我们的不负责任一定会带来不良的后果，有时甚至会给公司带来不可挽回的损失。

在铁路局工作的谢尔顿是一位火车后车厢的刹车员，他天性聪明，性格热情、和善，脸上还经常带着亲切的微笑，旅客们都对他称赞不已。

那年冬季的一个夜晚，一场暴风雨不期而至，火车晚点了。谢尔顿抱怨着，因为这场暴风雪迫使他不得不在这样寒冷的冬夜加班。就在谢尔顿思忖着该如何才能逃脱这该死的加班时，另外一节车厢中的列车长与工程师已对这场突如其来的暴风雪心生警惕。

这时，狂风吹掉了火车发动机上的汽缸盖，火车不得不临时停车，但是另一辆快车又必须换道，几分钟后就要从这一条铁轨上驶过。列车长立即跑过来，让谢尔顿提着红灯去后面。谢尔顿心想，后车厢还有一名工程师和助理刹车员守着呢，就笑着对列车长说："您不用着急，后车厢有人守着呢，等我穿上外套再去也不迟。"

听了他的话，列车长有些生气，"一分钟也等不了，那列火车马上就要开过来了！"谢尔顿连忙说道："好的，我立马过去！"得到他的承诺后，列车长转身飞快地奔向前面的发动机房。

然而，谢尔顿却没有如他自己所说的马上动身，他始终认为后车厢有工程师和助理刹车员在替他扛着这份工作，自己又何必冒着严寒和危险跑到后车厢去呢？于是，谢尔顿停下来喝了几口小酒，身子暖和后，他才一边吹着口哨，一边慢悠悠地走向后车厢。

他刚走到离后车厢还有十来米的地方时，就发现工程师和助理刹车员根本不在那里，原来列车长让他们到前边的车厢去处理其他问题了。谢尔顿打了个冷战，当即快速地向前跑去。可一切都来不及了，那辆快车的车头撞到了谢尔顿所在的这列火车。刹那间，受伤乘客的哭喊声与蒸汽泄漏的声音混杂在一起……

可以看到，这就是对工作不负责任的下场。谢尔顿完全没想到，自己对工作的不负责任，竟酿成了这样的人间悲剧。其实，这种结局是完全可以避免的，如果谢尔顿当时能听从列车长的安排，及时地赶到后车厢，悲剧就不会发生。

中国有一句俗语叫："差之毫厘，谬以千里。"这句话放在工作上再恰当不过了，半点不负责任都能导致问题出现。比如，业务员因为说错了一句话，就可能导致与大客户擦肩而过；生产线工人因为一点点失误，就可能导致整批产品全部报废；出租车司机因为多喝了几口酒，就可能导致一起车毁人亡的惨剧……可以说，以上种种，皆是因为员工对工作不够尽职尽责而引发的，尽管他们只是在很小的地方没有尽到自己的职责，但结果却是惨痛的。

要知道，一个真正优秀的员工，从来都不会对工作中的任何问题放松警惕，责任会驱使他们对自己的工作一路负责到底，能预防的问题尽量预防，已经出现的问题则及时解决。

菲奥娜是一位美国姑娘，她在一家裁缝店学成出师后便来到纽约开了一家属于自己的裁缝店。由于她做活认真负责，且价格又经济实惠，很快就声名远扬，不少人慕名而来找她定做衣服。

有一天，哈利夫人让菲奥娜为她做一套晚礼服，然而，等菲奥娜做完的时候，却发现晚礼服的袖子比哈利夫人要求的长了半寸。等会儿哈利夫人就要到店里来取这套晚礼服了，菲奥娜已经来不及修改衣服了。

哈利夫人来到菲奥娜的店中，她穿上晚礼服在镜子前照来照去，一边照还一边称赞菲奥娜的手艺。正当她准备付钱时，菲奥娜却说："哈利夫人，我不能收下您的钱，因为我把晚礼服的袖子做长了半寸。我真的很抱歉，如果您能再多给我一些时间，我十分乐意将它修改到您需要的尺寸。"哈利夫人笑着说道："长了半寸吗？我没有发现呢！没关系的，我对这晚礼服很满意，袖子长了半寸也丝毫不影响它的美。"尽管哈利夫人再三表示自己不介意，但菲奥娜无论如何也不肯收她的钱，最后哈利夫人只好让步。

在去参加晚会的路上，哈利夫人对丈夫说："菲奥娜以后肯定会大有作为，她对工作的负责程度让我震惊！"哈利夫人的话一点儿也没错。后来，菲奥娜果然成了服装界鼎鼎有名的设计师。

不难发现，我们对待工作负责的程度将决定我们日后能达到的高度，换句话说，我们对待工作越负责，我们在事业上取得的成就也就越大。反之，我们对待工作越是随随便便，我们在事业上遭受的损失也就越大。

在平时的工作中，我们经常会听到这样的话："我一不在头，二不在尾，关我什么事儿，我才懒得管！"不难发现，说这样话的人，总认为自己不是领导，也不是名人，只是所在企业的一名微不足道的员工，每天干着并不重要的工作，做好做坏都没多大关系。

毫无疑问，这种想法是不对的。在这个世界上，从来都不存在不需要负责的工作。换言之，工作即意味着责任，每一个职位所规定的工作任务就是一份责任，所以只要我们还从事这份工作，就不管这项工作是伟大还是平凡，我们都要肩负起属于自己的这份责任，努力将工作做到完美。

回顾历史，那些事业有成的人士，无不具有勇于负责的品质。

美国著名出版家和作家阿尔伯特·哈伯德说过："所有成功者的标志都是他们对自己所说的和所做的一切负全部责任。"毫无疑问，这句话的潜台词是，无论我们从事何种工作，无论我们所处何种职位，若想取得事业上的成功，实现自己的人生价值，我们就必须学会对自己的工作负责。

杰克·法里斯13岁时在父母开办的加油站工作。加油站里有三个加油泵、两条修车地沟和一间打蜡房。当时，法里斯的本意是想学修车，但父亲却让他在前台接待顾客，尽管他很不情愿，但还是不敢违逆父亲的意思。

当有汽车开进来时，法里斯必须在车子停稳前就站到车门前，然后开始逐个检查油量、蓄电池、传动带、胶皮管和水箱。法里斯注意到，如果他干得好的话，顾客一般还会再来。于是，法里斯总是选择多干一些，他时常帮助顾客擦去车身、挡风玻璃和车灯上的污渍。

有段时间，每周都有一位老太太开着车来清洗和打蜡，但这辆车的车内地板凹陷极深，很难打扫。其实，这些都不算什么，最让法里斯头疼的是，他感觉这位老太太极难打交道。原来，每次当法里斯帮她把车拾掇好时，她都要再仔细检查一遍，然后又让法里斯重新打扫，直到清除完车内的灰尘，她才心满意足地付账离开。

终于有一次，法里斯实在忍受不了了，他不愿意再为那位挑剔的老太太服务了。就在这个时候，他的父亲告诫他说："亲爱的孩子，你要记住，这就是你的工作，不管你的顾客有多难伺候，你都必须做好你的工作，因为这是你的责任。"

父亲的话让法里斯深受震动，为此，他重拾自己对那位老太太应有的耐心和礼貌。多年以后，每当有年轻人向他讨教成功的秘诀，他总是说："别小看在加油站的那份工作，正是因为它，我才真正学会该如何对待顾客，我才真正明白什么叫职业道德。"

很多人在读完这个故事后都会有这样的感觉，法里斯的年纪那么小，在加油站工作不过是小孩子闹着玩，他的父亲有必要对他那么严格吗？

殊不知，这才是法里斯父亲的高明之处，在他看来，一个人既然已经从事了一份工作，选择了一个岗位，就必须尽自己的全力做好这份工作。年仅13岁的法里斯，也必须对这份工作负起责任来，绝不能仅仅只享受工作给自己带来的快乐。

众所周知，每一个人都会在工作中遇到棘手的难题，其实，越是这个时候，我们越是要沉住气，千万不能因为一时的苦恼而对工作敷衍了事。我们要像法里斯的父亲所说的那样，选择了一份工作，就要做好为它负责到底的心理准备。

兵马俑刚刚出土的时候，两千多年的历史积尘已经把它们压成碎片。如何让这个碎片化的历史文化奇迹完整挺立起来，当时全世界也没有人曾经面对过这么大的难题。兵马俑军阵的原型是一个天下无敌的农夫军团，开拓了秦帝国的万里版图。同时代的工匠以雕塑形式凝定了他们的雄姿。后世的工匠们能够让久已"粉身碎骨"的兵马俑恢复原身吗？

马宇成为最早接触这项工作的群体成员之一。兵马俑深埋地下两千多年，大部分陶片和地下环境已经形成了稳定的平衡关系，突然出土，是他们存身环境的巨大改变。为了避免环境变化对文物造成二次损害，一号坑保留了原始的自然环境，大量修复工作都是在现场进行。

每到夏季来临，覆盖着大棚的兵马俑坑就成了"大蒸笼"，坑内的温度往往达到40摄氏度以上。工作过程就是一直在用热汗洗头洗脸；衣服湿了又干，干了再湿。这时汗水是聚合兵马俑碎片的第一黏合剂。即便如此，也不能因为燥热而失去专业化的冷静和职业化的敬畏之心。

由于年代久远，兵马俑陶片表面非常脆弱，修复人员用刮刀清理的时候，既要刮净泥土，又要保证文物的完好，走刀的分寸拿捏极为考究。为了练就这项技艺，马宇在修复兵马俑之前，花了两年时间，在仿制的陶片上用手术刀不停地磨炼手感，走了成千上万刀，才把握住毫厘之间的分寸。

在碎片堆里拼接兵马俑的过程中，只要有一块陶片位置出现错误，整个拼接过程就必须重来。拼接难度最大的是那些体积小、图案较少的陶片，

　　为了一块陶片，马宇有时需要琢磨十多天，反复预演数十次，甚至上百次。正因为这样，一件兵马俑的修复才往往需要耗时一年，甚至更久。

　　马宇参与了近二十年来秦始皇兵马俑修复工作的各个阶段，兵马俑的第一件戟、第一件石铠甲、第一件水禽都是马宇修复的。修复工作者用自己的人生时光作为黏合剂，把破碎的历史拼接成型，当威武列队的兵马俑军阵为全世界所敬仰的时候，马宇和同事们真切体会到了使命的价值。

　　总之，在实际的工作中，责任永远是一个我们绕不开的话题，工作就是责任，如果我们想要保住自己的工作，想要拥有美好的未来，就必须心甘情愿地戴上责任的"枷锁"，这将会是我们这一生最甜蜜的负担之一。

责任到此，不能再推

一位大学心理学教授说："一个人发展成熟的最明显的标志之一，是他乐于承担起由于自己的错误而造成过失的责任。有勇气和智慧承认自己的错误是不简单的，尤其是在他们很固执和愚蠢的时候。我每天都会做错事，我想我一生几乎都会是这样。然而，我力图在一天里不把同一件事情做错两次，但要想在大部分时间里都避免这种错误，那就不是件容易的事了。可是，当我看见一支铅笔的时候，我就会得到一些宽慰。我想，当人们不犯错误的时候，人们也就用不着制造带有橡皮头的铅笔了。"

"不要问你的国家为你做了什么，而要问一问你为国家做了什么。"这是约翰·肯尼迪当年竞选总统的演说词。

事实上，不仅年轻人，包括许多中老年人仍有这种心态。总是不停地发牢骚，却很少反问自己。公民抱怨国家，职员报怨公司，却不去从自己身上找问题。先别问社会给你了多少，先问问你自己为社会做了多少贡献。那些不从自身找问题，却终日抱怨的人，只不过是一些高龄儿童在撒娇而已。

在职场上，有许多员工学会了找借口，尤其是那些"老油条"。一遇到比较麻烦的事情不是推说自己忙，就是干脆推说自己病了，不来上班，或者把本来属于自己的问题推给别的同事去处理。时间一长就形成了一种风气。

不愿承担责任的人会想：我开始就没答应做这件事情，所以出了问题不是我的责任。做事拖沓的人会想：这个星期我很忙，我尽量吧。没有开拓精神的会想：我们以前从没那么做过，或这不是我们这里的做事方式。态度悲观的人会想：我们从没想赶上竞争对手，在许多方面他们都超出我们一大截。在这些冠冕堂皇的借口背后隐藏着的其实是一个人的懦弱与惰性，是没有担当的托词。

你喜欢找借口，但是你喜欢那些找借口的人吗？如果你和某人约好时间见面，而他迟到了，见面张口就说：路上车太多了。你会怎样想？生活中只有两种行动：要么努力地表现，要么就是不停地辩解。没有人喜欢辩解，那些动辄就说"我以为、我猜、我想、大概是"的人，想想吧，你们从这些话中得到了什么？

当然，我们并不能解决"路上堵车"的问题，我们也不太可能等外部条件都完善了再开始工作，但就是在这种既定的环境中，就是在现有的条件下，我们同样可以把事情做到极致！我们无法改变或支配他人，但一定能改变自己对借口的态度——远离借口的羁绊，抵制借口对自己的影响力，坚定完成任务的信心和决心。越是环境艰难，越是敢于承担责任，锲而不舍，坚韧不拔，就一定能消除借口这条"寄生虫"的侵扰。

"同学们，听吧！祖国在向我们召唤，四万万五千万的父老兄弟在向我们召唤，五千年的光辉在向我们召唤，我们的人民政府在向我们召唤！回去吧！让我们回去，把我们的血汗洒在祖国的土地上，灌溉出灿烂的花朵。我们中国要出头的，我们的民族再也不是一个被人侮辱的民族了！我们已经站起来了，回去吧，赶快回去吧！祖国在迫切地等待我们！"

这是 1950 年初，时年 26 岁的留美学生朱光亚亲笔起草的《给留美同学的一封公开信》的结尾。

这封至今让人热血沸腾的信，不仅反映了朱光亚当年回国效力的迫切心情，更是他毕生奉献于民族复兴的真实写照。

1946 年，吴大猷、曾昭抡、华罗庚三名科学家赴美考察；吴大猷推举两名助手同行，其中一名就是朱光亚。到美国不久，他就认识到一个残酷的事实：美国根本不想对中国公开原子能技术。但朱光亚并没有放弃，同年 9 月，他进入密歇根大学，从事核物理学的学习和研究。在核物理学的天地里，他刻苦学习，以全 A 的成绩连续四年获得奖学金，并发表了多篇优秀论文，顺利取得物理学博士学位。

异国道路上的一帆风顺，并未让朱光亚忘记大洋彼岸的祖国。1950 年 2 月底，他自筹经费，赶在美国发布中国留学生回国禁令之前，辗转回到新中国。

1959 年，苏联突然单方面撕毁合作协议，撤走在华专家，我国的原子弹科研项目被迫停顿。朱光亚临危受命，担起了中国核武器研制攻关的技术领导重担。

由于援华苏联核武器专家平时就严密封锁有关核武器的机密情报和关键技术，撤走时又毁掉了所有带不走的资料，中国的核武器研制举步维艰。朱光亚提出，就从苏联专家所作报告中留下的"残缺碎片"入手！经过夜以继日的艰苦奋斗，中国的原子弹设计理论终于有了重大突破。

1964 年 10 月 16 日，我国第一颗原子弹爆炸成功。仅仅过了两年零八个月，我国第一颗氢弹也爆炸成功。

凭借对祖国的忠诚和对事业的执着，在当时极端恶劣的自然条件和极度简陋的设备条件下，朱光亚等"两弹一星"元勋们创造了奇迹：从第一颗原子弹到安装在导弹上的核弹头，美国用了13年，苏联用了六年，中国仅用了两年；从原子弹到氢弹，美国用了七年三个月，苏联用了六年三个月，中国则只用了两年两个月。

除了献身于中国的核武器事业，朱光亚还组织指导了中国第一座核电站——秦山30万千瓦核电站的建设。五十春秋呕心沥血，毕生奉献功勋卓著。直到八十多岁，他依然关心着国家的科技事业。

没有责任的生活就轻松吗？有时候逃避责任的代价可能还会更高。不必背负责任的生活看起来似乎很轻松、很舒服，但是我们必须付出更大的代价。因为我们会成为别人手上的球，必须依照别人为我们写出的剧本生活。

不要为自己的错误辩解

正如在职场中某些人喜欢抢占他人功劳一样，这类人还常常干另一件事，那就是推卸责任。如果他们把事情办砸了，就会找出诸多理由，比如堵车了，时间来不及；同事不配合，没有得到有力的支持；对方人品不好，言而无信等。如果他们和同事一起办事，事情办砸了，他们的理由会更多：同事不会说话；同事懒惰；同事粗心；同事不守时等。总之，如果他们和同事一起做事，那错的是同事；如果没有和同事一起，那错的就是公交车、时钟等。

1980年4月，美国营救驻伊朗的美国大使馆人质的作战计划失败后，当时的美国总统吉米·卡特立即在电视里作了这样的声明："一切责任在我。"

"一切责任在我。"这短短的几个字，表现出一种敢于担当责任的大勇！在此之前，美国人对卡特总统的评价并不高，甚至有人评价他是"误入白宫的历史上最差劲的总统"。但仅仅由于上面的那句话，支持卡特总统的人居然骤增了10%。

韦恩博士说："把责任往别人身上推，等于将力量拱手让人。"我们必须学会像卡特总统那样承担起自己行为的责任，应该积极地寻找任何一点你能够或应该承担的责任，要胜任并愉快地承担起的那些责任，而绝不要通过躲避棘手的事情而逃避责任。

每天，在青岛港，等候进出港的国内外货轮上百艘。

清晨，彼得船长驾驶的货轮驶入港口。距离码头六百多米之外的这间远程操控室，直接决定着彼得船长的货船能不能准时离开港口。此时，彼得船长的货轮，正在装载集装箱，十个小时后他接到通知，可以离开港口了，这让他很意外，因为这比他计划的整整提前了五个小时。对他来说，提前了五个小时，就意味着节省下五万美元的停泊费。

三年前，王崇山迎接挑战，从人工码头投入全自动化码头的建设中，成为全亚洲第一个桥吊远程操控员。但是难题来了，远程操控比起现场人工操作，没有手感。

为了解决这些难题，王崇山拿出了蚂蚁啃骨头的劲头，一个月就写下了四五万字的实践操作笔记，争分夺秒地和时间赛跑，吃饭休息时也要讨论研究几个问题。对于团队的成员来说，自动化远程操控给了大家一个全新的舞台，每个人都非常珍惜。

2017年5月11日，青岛港全自动化码头正式启动，王崇山和他的团队首次吊装就达到了全球自动化码头运营以来的最高成绩。这一天，王崇山在朋友圈里，把名字改成了"无人的海边"，写下了这样的留言"不忘初心的坚定，不想旅途的艰难，我将和我的战友们，一往直前。"

当你寻找额外的责任时，你就会提高自信心和提高完成这项工作的信心。你的上司也会增加对你的信心，增加对你所承担的工作的信心。

要想赢得别人的信任，并不是靠你能够混淆是非的口才，而是你踏踏实实肯负责的精神。我们必须改掉推脱责任的坏习惯。犯了错误有什么理由要解释时，你自己首先要反省，我的理由是不是客观事实，真实可信？

是不是只是想用来掩饰自己的错误？然后回头看看自己的行为，如果自己确实有错误的地方，那就应该勇敢地承担责任，诚恳地承认错误，并且要改正自己的行为，积极地寻求补救的办法。这种对自己的严格检查，可能刚开始时有些困难，但是你要相信，只有勇于承担责任的人，才有可能成就大事业。

还有一点值得注意，如果错误确实不是由于自己的过失造成的，那你也不要急于替自己辩解，而应着眼于整个公司的利益，等事情得到妥善的处理后，事情的真相自然会浮出水面。如果你确实被误会了，那么你的上司也自然会在事实中看到，还你一个清白。

聪明的员工，要勇于承担起自己职责范围内的责任，积极地寻找并把握谋求公司利益的机会。也只有这种员工，才是老板心目中值得栽培的人才。

很多老板最看重的就是把公司的事情当成自己事情的人，这样的员工任何时候都是公司的红人。他们也都有一个特质，就是敢作敢当，勇于承担责任。"我警告我们公司的每一个人，"美国塞文机器公司前董事长保罗·查莱普说，"假如有谁说'那不是我的错，那是他（其他同事）的责任'，如果被我听到的话，我一定会开除他，因为这么说话的人明显对我们公司没有足够的兴趣。"这句话可以代表所有老板对责任心的理解。

第三章
敬业的态度就是竞争力

敬
业

每天都满怀热忱地工作

如果一个人不能始终如一地工作，那么他就不可能创造出非凡的业绩。假如一个人在工作中失去了激情，那么永远也不可能在职场中有所成就，更不会拥有成功的事业与美满的人生。因此，想要在职场当中打拼出一番事业的人们，从现在开始，对你的工作付出自己的全部激情吧！

很多人在初入职场时都会充满激情，可是却没有办法长时间地保持这种状态。因为带着激情工作太重要了。所谓激情，顾名思义，就是一种激烈的情感或是情绪。具体来说，激情就是对有价值的目标执着追求时所迸发出来的一种迅猛、热烈、超越常情的一种高昂的精神状态。

"带着激情去工作"是我们工作时应有的状态。"带着激情去工作"体现的是一种"状态"，是蓬勃向上的朝气、攻坚克难的勇气、昂扬奋进的锐气。这种"朝气""勇气""锐气"，就是我们的激情。在工作中我们是否倾注了激情、倾注了多少激情，就会有不同的工作状态。激情是一种可贵的状态，由此可见，"带着激情去工作"是多么重要。

很多人都知道电视剧《士兵突击》里忠厚老实的许三多说的那句话："不抛弃，不放弃！"简简单单的六个字告诉人们，只要抱着不抛弃不放弃的信念，永远保持为梦想拼搏的激情，就一定能获得最终的胜利。

相比电视剧中的许三多，其扮演者王宝强的个人经历似乎更能阐释这六个字的真正意义。

　　王宝强出生于河北农村一个普通的家庭，自小喜爱电影，对电影有一种近乎狂热的喜爱，立志要当一名演员。八岁时，王宝强决定到少林寺学武。初到少林寺的他，每天都要起早贪黑地练武，真可谓冬练三九，夏练三伏，这使他练就了一身过硬的功夫。在少林寺的六年中，王宝强只在过年的时候回过家，但是，小小年纪的他，却从来没有因为苦因为累就放弃自己的梦想，甚至都从来不在父母面前提一句自己受过的苦。

　　到了2000年，他怀揣500元钱来到北京。在北影厂门口，他蹲了半个月才等到第一个群众演员的角色，可是过了很长一段时间也没等到下一个角色。在一无资源、二无背景、三无学历的情况下，他依然坚持自己对演艺事业的热爱，心中对于表演的激情从来没有消退过。他一边在工地打工，一边揣摩表演技巧，一有空就坚持跑到北影厂门口"蹲活儿"，并且不断地往剧组里送照片。正是这种对表演的热爱，对梦想的坚持，永不消退的激情，让他在2002年碰上了职业生涯的第一个机遇——被导演挑中出演《盲井》。

　　初次担任主演的王宝强非常珍惜这难得的机会，并以一种超越自我的激情倾心投入演出，他认真倾听导演的讲解，导演让下矿井就下矿井，让撞墙就真撞墙。为把一句台词念好他不止十遍百遍地练，不管什么事情都实打实地往好里做。付出总有回报。凭借在《盲井》中的出色演出，王宝强获得了法国第五届杜威尔电影节"最佳男主演"、第四十届金马奖"最佳新人"以及第二届曼谷国际电影节"最佳男演员"。之后，王宝强的演艺事业踏上了高速路，相继出演了电影《天下无贼》和让他登上了演艺事业顶峰的电视剧《士兵突击》。

　　这便是带着激情工作的作用，因为工作有了激情，我们的干劲就会越来越足，工作也就能够做得更好。而工作做好之后，我们又会有更多的激情去做事，这将会形成一个良性循环。

其实，作为一名员工，"带着激情去工作"是我们对工作应有的责任。"带着激情去工作"承载的是一种责任。而责任就是动力，责任就是对我们最好的鞭促。有了这份责任，我们就清楚自己要干什么，怎么去干。有了这份责任，我们就会积极主动地去开展工作，创造性地完成工作。

综上所述，"带着激情去工作"是我们谋大事、干成事的"催化剂"。工作从来就不是冷冰冰的。只有融入情感的力量、保持激情的状态，才能体会到工作辛苦中蕴含的温度与厚重，才能激荡起让人夜不能寐的梦想与抱负。也由此，我们看到了激情对于我们生活和工作的重要性。

日复一日、沉闷无味的常规工作往往会让我们开始的热情渐渐消失，当我们失去对工作的激情时，往往我们的工作速度也会下降，进而会严重影响工作的进程，造成时间，金钱与人力的浪费。

激情让一个人处于兴奋状态，人就会去积极地做每一件事，它会让你产生一种敬业精神，然后你就会喜欢上一种职业。要知道，敬业与乐业是我们通往成功的不二法门。对于我们而言，从我们具有工作能力并开始开展工作时，我们以后的人生可能大部分都要奉献给自己的工作。如果这时我们的工作对我们而言是一种乐趣的话，那么我们的人生就是天堂。

我们每天都应该充满激情地做好自己的工作，不要想着日子的一日三餐，保持着刚上班时的那份美好和负责，生活是这样的快乐。把每一天都当作上班的第一天，就是要认真地对待当下，才能让自己不得过且过地工作。每天都充满激情地工作，就是要把每一天都当作新的开端，忘却过去的不如意和烦恼，以最大的激情去面对明天谁也无法预料的苦难与挑战！

把工作当事业，成就卓越人生

除了少数的天才以外，大多数人的天赋都差不多。可为何在职场上有的人能取得成功，而有的人却始终平庸无比呢？其实，这里面最主要的原因在于一个人对工作的认知。有的人把工作当作饭碗，而有的人则把工作当成事业。把工作当作事业的员工，工作会更加投入。而一个员工要有所突破、有所成功，就一定要把每一项工作都当成事业去对待。

一位企业家说过这样的话："假如一个人能够把工作当成事业来做，那么他就成功了一半。"为何要这样说呢？同样的一件事，对于那些把工作当作事业的人来讲，他们会执着追求并力求完美无瑕；而对于视工作为谋生手段的人来说，他们是出于无可奈何才这样做的。执着追求比无可奈何的效果显然要强无数倍。

那么工作和事业有什么不同呢？工作，指个人在社会中所从事的、作为主要生活来源的一项活动。事业，指人所从事的具有一定目标、规模和系统，对社会发展有影响的经常性活动。通常来讲，事业是一生的，而工作是一时的。工作是对伦理规范的认可，例如，自己从事了某项工作，获得了一定酬劳，伦理规范就要求他尽心尽力地完成相应的义务，这样才能对得起自己所获得的酬劳。事业则常常是自发的，是由奋斗目标和进取之心促成的，是愿为之付出毕生精力的一种"工作"。假如把工作当成事业，这种自发性和进取心会促使你把工作做到完美。

张薇在一家传媒公司做杂志部主编。以前她带领的这个团队做事总是慢慢腾腾，常常是到了要将书稿交付给出版社时才发现还没有准备好。但是张薇依靠榜样的力量，让她的团队在很短的时间内发生了质的变化。

有一回，公司要给一个大名鼎鼎的培训师编写一本书稿，张薇在公司的授权下带着两个员工去采访。他们提前一个小时就来到了约定的地点，事先研究出版方案，一切准备就绪，只等着那位培训师的到来。

培训师到来之后，在不到一个小时的时间里，张薇已把出版合同草拟好了，并决定就在当天为培训师拍摄用来作封面的照片。张薇熟练地更换各种颜色的背景，调整角度、笑容、谈话姿势等。一旁的同事看着张薇那种敏捷娴熟的动作和她那特别敬业的干劲，赞叹不已。

后来，员工们还听说张薇以前做过在野外拍写真的摄影师工作，她为了抢拍一个镜头，经常到一些比较危险，但风景非常优美的地方去抓拍。

正是张薇有这样的敬业精神才让和她一起工作的同事深受影响，他们从张薇的身上学到了一个优秀员工必须具备的品质。在平时的工作中，大家改掉了以前慢慢腾腾的坏习惯，更加从心底热爱自己的工作。张薇没有依靠语言，而是依靠行动，让手下的同事变得更加热爱自己的工作。

商界大佬比尔·盖茨坦言："假如只把工作当作一件差事，或者只将目光停留在工作层面上，那么即便是从事你最欣慰的工作，你依旧没有办法持久地保持对工作的热情。但假如把工作当作一项事业来看待，情况就会发生改变。"把工作当成事业，无论什么工作，你都尽力做到突出。这样的员工从不妄想一举成功。他们会保持快乐的心情，努力工作，拼命进取，力争精益求精。

有的人即便每天都在上班，即便是天天熬夜也不说累，并且还会感到很快乐；而有的人即便是第一次加班，或者只是偶然地加一次班，他们的嘴里也会不停地抱怨。事实上，谁都想做到业绩突出，谁都想得到老板的重视。但是，就有很多人情不自禁地抱怨工作。这是因为这些人没有把工作当成事业来对待。

有句话说得好："一个人把工作当成是职业，他会全力应付；一个人把工作当成是事业，他会全力以赴。"没有把工作当成事业的人，只当做谋生的手段，得过且过，每到月底或月初只能拿那么一点点少得可怜的工资。他们是在敷衍工作，说不定连基本的生存都坚持不下去，何谈实现人生梦想呢！

很多人把工作当成一种谋生的手段，甚至看不起自己的职业，时间长了，就会感到辛苦、无聊、乏味。时间久了，这类人就会失去工作的动力和努力奋斗的激情，就会变得越来越没有抱负、拖拖拉拉疲惫不堪，最后碌碌无为，一无所得。假如将工作当成自己的事业，就会因此激发出无尽的激情与动力，自己的潜力也会得到最大限度的开发。在自己努力的坚持下，业绩不断飞升，每一个小小的成功，都会收获巨大的幸福感。这样信心就会越来越足，不断超越自我，追求上进，又会取得更大的成就，自己的职业愉快感也随之攀升。此时，工作对自己来说不是一种苦痛，而是一种乐趣。

假如你在工作时，想的只是工资和考勤，只是怎样敷衍上司，那么你所干的工作只能是再平凡无比的小事，还不一定胜任得了；假如你不只是为了工资而工作，还在为你的前途、为你的公司和组织而工作，把手中的工作当成事业来看待，那么，你一定会把工作做得非常好。

把工作当成事业，你会时时刻刻保持热情。爱默生说："激情像糨糊一样，可让你在艰难困苦的场合里紧紧地把自己粘在这里，坚持不懈。激情是在别人否定你时，能在内心里发出'我可以'的有力声音。"这种对人生目标的热情，会产生巨大的能量，使得我们对工作怀有巨大的责任感。也一定能够让我们在岗位上成就卓越的人生！

自我鼓励，最难克服的人就是你自己

国外有关机构做过专门调查，结果显示：工作三年以上有四成的人、工作四年以上有一半的人会不同程度地对自己的工作产生厌烦和抱怨。我国某机构的调查结果也显示，有近70%的上班族正在不快乐地工作着，认为自己的工作枯燥乏味，也就谈不上充满激情地工作了。有许多人对工作失去了激情后依旧会每天上班，可是这种缺少激情的工作效率是非常低的。他们整天无所事事、迷茫，做事情总是一成不变。

缺乏工作激情就意味着工作很有可能变成"鸡肋"，因此，我们需要让自己在工作当中重新焕发激情。而"自我鼓励"正是其中方法之一。

自我鼓励能够给人带来希望，著名宗教学家马丁·路德曾说："世界上的每一件事情都是抱着希望而成功的。"显然，强烈的自我鼓励是成功的前提条件。当你身处困境时，自我鼓励能使你摆脱困境和困境造成的坏情绪，重新站起来。

那么什么是自我鼓励？在这一点上，有关心理学家给了我们准确的答案："环境对人的心态影响往往表现为一种激励。假如这种激励是一种自身内部的良性激励，自我为了实现某种目标或满足某种需求，心理上会处于一种被刺激的状态，从而采取相应的行为，以努力达到行为目的。"

任何工作都不是顺风顺水的。当你在工作中遇到挫折时，懂得为自己加油鼓励，激发自己的潜力，并全力以赴地为自己的目标而努力，你就能够将工作做好。有这样一个公式：激发动力＝预期价值×达到目标的概率。它显示，一个人对他所追求的目标值看得太高，能实现目标的概率就越大，那么他的动机就越强烈，自我鼓励水平也越高，内部潜力也就被充分发掘出来。

有一个女子战胜了原始森林和环境恶劣的沙漠，步行穿越了非洲。当她被记者问到她怎么能做到这种令人难以想象的举动时，她说："因为我认为我能。"当问到她向谁说过这句话时，她说："没有别人，只有我自己。"从中我们不难发现，这位女冒险家之所以能够成功地战胜原始森林和沙漠，除了她过人的意志以外，还有她对自己的无限激励。

在浅滩上储存的水，很快就会消失。假如激情只能维持一时，那毫无作用。这就是为何我们每天都需要给自己鼓励的原因。短时间的激情是毫无价值的，长时间的激情才能对工作有益。虽然激情可以由外部的事情来激发，但是，如果一个人对待工作的激情是来自自己的内心，那么内心的期望能使激情永不消失。

这个世界上的成功者大多是善于鼓励自己的人。在人的成长过程中，我们需要老师的帮助、上司的关照和亲朋的鼓励，可是只靠别人是不行的，就像是只往血管里注射的营养剂，是不可能从根本上强身健体的，因此我们最终还是要靠自己的努力。

雅诗·兰黛是多年来《财富》与《福布斯》等杂志富商榜上的传奇人物。她白手起家，凭着自己的聪明才智以及对工作和事业的高度负责，成为世界著名的市场推销传奇。由她一手创办的雅诗兰黛化妆品公司，首创了卖化妆品赠礼品的推销模式，使得公司脱颖而出，走在了同行业的最前端。

在她古稀之年，仍然每天都能激情似火、斗志昂扬地工作十几个小时。

她不停地在工作上鼓励自己，她对工作的态度和旺盛的精力实在令人不可思议。

雅诗·兰黛的工作并不顺利，她也遇到了许多麻烦的事。她能在自己的工作中取得这样辉煌的业绩，靠的就是自己对工作的那份执着，还有就是不断地自我鼓励。缺乏自我鼓励，不懂得自我激励，没有工作热情的人，是不可能几十年如一日地保持激情的。

那么，我们该怎么样给自己鼓励，释放自己的潜力呢？

第一，我们要树立远大志向。走出自我激励的第一步，需要有一个为之奋斗的梦想，它应是你人生的航向。假如你有一个这样的梦想，你这一天的工作就会充满激情。确定自己的任务，是你工作充满热情的根本动力，更是你激励自我的关键一步。

第二，发挥自身的优点。每个人身上都有优点，我们要时刻注意发现身上的优点，不要被一时的挫折所打倒，要时刻相信自己"我能"。

第三，增强危机感，着手行动。只有增强危机感，并做好当下的事，我们才能将自己的梦想变成现实。而不是沉湎于以前或者沉湎于幻想。人之所以认为"我能"，是因为相信"自己能"。

世上没有让人绝望的工作，只有对工作绝望的人。懂得自我激励，为自己呐喊，释放你的潜力，燃烧你的实干精神，从绝望中寻找目标，你的职场人生将灿烂无比！

做好你的工作

不论我们从事什么工作，都要有高度负责的职业理念。一个人一生大部分的时间都在上班，敬业精神影响着我们的工作质量，你对工作的态度决定了你工作的状态。那些热爱工作，对自己的职业认真践行的人，即便他们做的是普通工作，也会做出轰轰烈烈的成绩；而那些把工作当成累赘，对工作没有责任感的人，即使在特别重要的位置上，他们的工作也不会有太大的业绩。

美国的一家商贸公司花大价钱从德国引进了一批生产设备，德国工程师在安装调试的时候，偶然发现有一个小零件歪歪斜斜地安在设备上，但是紧固度却没有差错。而美国的工程师同样也发现了这个问题，但他们只是很无聊地笑笑说："所有的六角的螺丝紧固力度不可能都一样，差不多就行了。"德国工程师听了，认真地说："不，虽然暂时没有一点儿问题，可是假如投入使用，那就是人命关天的大事。而且，安装这个螺丝钉也没按照制定的标准去施行，因此，我们一定要重新拧一次。"

后来公司针对这件事展开了调查，结果发现是自己这边的安装工人出了差错，紧固这些大螺丝的时候，一定要有两个人合作，一个人固定扳手，另一个人紧固螺丝。可是，当时的安装工人却是一个人紧固螺丝，另一个在一旁抽烟休息。

爱岗敬业，细心负责，做好属于你自己的工作，是每一个职场中人必须具备的素质，而这一素质的高低也将直接影响着你的职业路途的长短，因为它对你今后的事业起着核心作用。

著名企业家松下幸之助是日本著名的松下电器的创始人。因父亲生意失利，年轻的松下幸之助曾离开家到大阪去当学徒。他在 20 岁那年不幸患上肺炎，那时候，他没有经济能力去治疗，于是他就全身心地投入到工作中，依靠忘我的工作精神战胜病魔。

现代医学专家已证明，人情绪的好坏对疾病会产生作用。松下幸之助后来在回忆自己创业生涯时说，正是他一直热爱工作，对工作认真负责从而找到了人生的快乐，找到了对抗病魔的法宝。而著名思想家歌德曾以画家鲁斯为例，说过这样的一句话：一个真正有大才能的人，能在工作过程中感到高度的乐趣。

鲁斯不知疲倦地画山羊和绵羊的毛发，从他画中的无数细节可以显示，他在这个过程中享受着最纯真的快乐。人生最有价值的事莫过于工作了。我们不应该去抱怨工作的无奈和不如意，而应该尽量试着在平凡的工作中体验到快乐。热爱工作，我们也会因此而变得幸福起来。

我国第一代核燃料师──乔素凯，在核电站同核燃料打了 25 年交道，全国一半以上核电机组的核燃料都由他来操作。

乔素凯的岗位在核电站的最深处，那是一个有如大海般的蔚蓝色水池，美丽的水面下，就是令人闻之色变的核燃料。每 18 个月，核电站要进行一次大修，这是核电站最重要的时间，三分之一的核燃料要被置换，同时要对破损的核燃料组件进行修复。

修复破损的核燃料棒，这是一项复杂又充满危险的任务，目前，在全国能够完成这个任务的只有乔素凯所带领的团队。由于核燃料棒有很强的放射性，因此必须放置在含有硼酸的水池中来屏蔽辐射，这也就意味着修复的工作要在水下完成，修复的第一步就需要打开组件的管座，这个过程需要在水下拆除 24 颗螺钉。不同于我们生活中常见的拧螺钉，乔素凯需要用一根四米的长杆，伸到水下三米进行操作，这是一个对精度有严格要求的动作。看似简单的拧螺钉却是核燃料修复的一个关键点，在整个修复过程中，像这样的关键点操作都是决定成败的关键。

怀着对核燃料的这份敬畏之心，25 年来，乔素凯核燃料操作保持零失误。这些年，他主持参与的项目获得了 19 项国家发明专利。靠劳动成就梦想，用梦想追求极致。

一位商界大佬认为："假如你能真正制好一枚别针，那一定会比你制造出粗糙的蒸汽机赚到的钱要多。"职场规则也是这样。当你认真负责地去做好工作中的每一件事情时，你所获得的远远大于敷衍了事地去应付一个大的工程。

无论哪个行业，都有很多加薪升职的机遇。在工作中，主要是要看你是不是以敬业的态度来看待你的职业，你的热情或冷漠决定了你在工作中的成功或者失败。并不是每一个员工都具有很强的业务能力，可是敬业的态度却是每一个员工都必须具备的。敬业精神是每一位优秀工作者都应该具有的素质。即便今天你的敬业精神还未得到领导的赏识，也不要灰心或者失望。对工作认真负责的敬业精神将会对你今后事业上的成败起到决定性作用。

干一行，爱一行

因为能力、经验等方面的因素，很多人刚进入社会不能找到自己满意的工作。但是，只要你接受了一份工作，你就要认真地对待这份工作。即便心中渴望的是更加美好的工作，你依然应该认真地完成你手中的工作。因为，我们不仅要"爱一行，干一行"，还要"干一行，爱一行"。

如果你决定要从事某种工作，那么就要立即行动起来，不断地鼓励自己、督促自己、控制自己。你要有坚定的信念、忠诚的敬畏之心，不断地向前前进，只有这样你才能将工作做好。

工作没有尊卑贵贱之分，不管哪一种工作，只要是合法的职业就是平等的。从干净的办公楼走出来的白领，不能轻视打扫街道的环卫工人，理由是两者只有分工上的区别，在劳动层面上，他们完全是平等的。

从人生的立场上来看，当一个人走向年老的时候，令他骄傲和满足的，除了自己的家庭以外，主要就是他这么多年工作生涯的成就。工作连贯了人生的大部分时间，我们的喜悦、挑战甚至生活习惯都来源于自己的职业。它是人生全部生活的核心。事实上，人生的价值差不多全部体现在美好的职业里了。

从历史的层面上来看，一个人能够被后人所尊重，也是因为他在工作生涯方面的巨大成功，他们因所从事工作的成就，为社会、为后人留下了宝贵的文化遗产和精神财富。他们都用工作方面的影响力，换来了声誉，从而也得到了人们的爱戴。

不能否认，一个人的成功取决于很多原因，但是有一点是共同的，那就是他们都热爱自己的工作，干一行，爱一行。不管这些人智商如何，他们从事什么行业，他们都喜欢自己所做的事并努力工作。他们在工作上赋予了很多精神上的灵感，尊重自己的工作，视工作为自己的生命财富。

一名年轻女孩问培训讲师："我知道工作对自己的重要性，可我却整天无所事事，对工作与生活一点兴趣都没有，经常抱怨工作的无聊和人生的坎坷，这是什么原因呢？"

讲师告诉她说："原因就是你对工作缺乏热爱，你不热爱自己的职业。假如想改变现在的状况，有两点是你需要做的，一是培养工作兴趣；二是重新选择自己感兴趣的工作。"

不久后这个女孩打电话告诉讲师，她从办公室调到了业务部，一段时间下来，销售业绩很不错。并且她认为找到了能够发挥自己特长的工作，干起活来不再没精打采、满腔怒火，而是热情高涨、尽心尽力。

眼下，有很多人被迷茫、抱怨所环绕，这种不安的心态在很大层面上与不适应工作有关。因此，选择自己感兴趣的行业特别重要。原因是工作所带来的愉快抑或悲愁，全部由自己来负责。但我们也要知道，并不是所有人能够如愿做自己感兴趣的工作。他们可能由于各方面原因，从事着并不是自己热爱的工作。因此，我们还是需要做到干一行，爱一行。干一行，爱一行是一个人对职业的一种敬业精神，尤其是在现在，一个人只有在一个行业领域，只有不断地热爱、钻研、进取这样才能把这个行业做好，做得更具特色，更具专业水准。

　　青年时期，立志报效祖国的张弥曼响应国家号召，积极投身地质这一国内几乎是一片空白的学科，报考了北京地质学院，以期为祖国寻找矿产资源。被分配到古生物系的张弥曼有些惴惴不安，在此之前，她对这门学科一无所知。但此后的几十年内，张弥曼却全身心地扑在这个对平常人而言神秘而枯燥的学科上，数十年如一日。

　　张弥曼每年有好几个月的时间在全国各地寻找化石，常常是一个人一根扁担挑着被子、锤子、化石纸、胶水，跋涉在荒山野岭间，身上的行囊最重时达到35公斤，还要走20公里的山路。有次在山里考察，条件艰苦，睡觉时垫的是稻草，盖的是发霉的烂棉絮，40天无法洗澡，回家时身上已经长了不少虱子。虽然艰苦，但张弥曼从未退缩。"我一直坚持自己采集化石，自己修理化石，自己给化石拍照，自己研究。"化石对她而言，仿佛蕴藏着巨大的吸引力。她对化石着了迷，再苦再累也没有回头。

　　在大庆油田开发之初，刚参加工作的张弥曼根据地层中的化石样本，准确提出石油的成油地质时代，为地质专家在寻找油层时提供了科学依据。此后，随着大庆油田里第一股石油从地下汩汩而出，张弥曼的观点也被随之证明并引起轰动。

　　胜利油田开发时，张弥曼发现海洋曾经覆盖那一区域两次，因而成油地质时代也会与普通油田有所不同，这一观点又为胜利油田的顺利开发提供了条件。

　　如今，张弥曼是中国科学院古脊椎动物与古人类研究所教授、中国科学院院士、英国林奈学会外籍会士、瑞典皇家科学院外籍院士，获得联合国教科文组织 2018 年度"联合国教科文组织杰出女科学家奖"。联合国教科文组织在提名声明中称："她创举性的研究工作为水生脊椎动物向陆地的演化提供了化石证据。"

干一行，爱一行，才能干好一行。如果干好一行，就会更加爱它。工作可以平凡，态度不能平庸。与其被动工作，不如主动做事。 一个人无论从事什么职业，都应该做到干一行，爱一行。干一行，爱一行是一种优秀的职业品质，是所有的职业人士都应遵从的基本价值观。爱一行，干一行的理想主义固然不错，但在现实生活中未必可以实现。这就是现实与理想的差别！罗曼•罗兰有句名言："缺乏理想的现实主义是毫无意义的，脱离现实的理想主义是没有生命的。"

现在是需求决定价值，不是我们能决定价值！因此，我们需要提醒每一位劳动者，既然选择了一份工作，就一定要把它做好，这是最基本的道德标准，也是一种职业操守。

专注工作，提高工作效率

专注和效率是相辅相成的，在工作中，一个可以做到专注的员工，通常是一个工作效率非常高的员工。毫无疑问，专注可以提高一个人的工作效率。

在日常的工作当中，我们会遇到各种各样的事情，如果我们集中精力去做好一件事，将其他不必要的事情推到一边，这样工作效率就会有所提高。就像爱迪生所说的：只要把你的身体与心智都集中在一个问题、一件事情上，你的专注力就会提高。

一个人的精力是有限的，因此，我们要知道先做什么事，后做什么事，依次进行。只有当你能够有效地工作，专注地工作时，你才可以在工作中游刃有余。完成一件事，然后再去做另外的一件事，这样，效率才可以提高。在工作中，并不是任何事都一样重要。我们可以用有限的精力去做很多的事情，因此，我们需要学会选出最重要、最紧急的事情，并且专注地将它做好。千万不要让工作混乱不堪，最后没有一点效率。

订书钉是我们在办公室中经常会用到的东西，你有没有想过，订书钉之所以可以穿过纸张，是因为它能把所有的力量都集中在两个点上，垂直用力。很多聪明的人，他们忙忙碌碌地工作，做了非常多的事情，可是最后，这些人却没有获得成功。反而是很多并不聪明的人，却取得了很大的成绩，获得了事业上的成功。实际上，这和订书钉的道理是一样的，只有将所有的精力都集中在一起，才能产生最大效率，才可以有所成就。

在物理学中有这样的一个知识。同样的力，当其作用在面积很大的一个面上时，单位面积上的压强非常小；如果作用在一点，那么压强就会非常大。工作中也是一样的，我们把精力分散到了很多的工作中，这样一来，精力就都被细小的工作分散了，也就很难将工作做好，工作效率也会低下。

对那些真正成功的人就不一样了。他们可以将所有的事情都集中在一起，依照事情的轻重缓急，专注而有序地完成这些事情。而很多时候，这些事情就会改变一个人的命运。

一个懂得如何集中精力去做好工作的人，通常不会轻易浪费自己的时间，他们做事非常专注。这是因为他们会通过有限的生命来完成最重要的事情。

我们想要提高工作效率，把一件事情做精做细，将事情都做到完美，就需要我们在工作中有"专注"的习惯。我们要善于给自己的工作进行分类，把一切工作都按照重要的程度进行排序，哪些是重要的，需要先做的，哪些是可以后做的，将所有的工作都调整好，按照一定的次序进行，这样一来，工作不仅顺心，而且还可以提高工作效率。

盛大网络董事长陈天桥，国外的媒体称他是"中国互动娱乐业第一人"。他认为很多成功的人都是"偏执狂"，他们看准了一件事，就会一直坚持做下去，从来不会轻易地放弃，同时也不会轻易改变他们的方向，直到有所收获。其实，陈天桥所说的"偏执狂"就是指的专注于做事的人，而且，在一段时间内只做一件事的人。正是由于他们这样的工作态度提高了他们的工作效率，让他们更加容易成功。

不仅是在大的方向上要有专注的精神，在平时的工作中，也需要专注。

专注在一件事情上，我们在这件事上就更有把握，工作的时候，思路也就会更加连贯，这样一来，工作才能够更有成效。

因此，管理学家建议人们在日常工作中避免不必要的工作转换。也就是说，尽量去一次性做好一件事情。将手头的工作做好了，然后再去做其他的工作。只有当一个人完成一件事情的时候，才会有一种解脱感和满足感，甚至会有一种成就感。这种心态可以让一个人更好地投入到下一份工作中去。

为了能更好地完成工作，提高自己的工作效率，我们还需要注意不被无关紧要的事情所干扰。比如说，你本来打算在网上查找资料，可是，当你打开电脑的时候，却进入了其他的网站，浏览了好几个小时，你却依然没有查找资料。这一点相信很多人都经历过。

所以说，我们一定要专注于某一件事，同时，我们还需要有非常强的抵抗力，不被外界的因素所诱惑。因为想要获得真正的成功，排除不必要的干扰是必不可少的。

一个人只有围着一件事转，全世界才可能慢慢都围着他转；一个人围着全世界转，到头来全世界也会抛弃他。我们要懂得怎样去专注，怎么样去选择，一旦确定了一件事，就要全心全意地去做。

第四章
积极主动地工作就是敬业

敬业

具有敬业精神的人工作更积极主动

一个人能不能将工作做好，最主要的是看他是不是具有爱岗敬业的精神。这种精神决定了他对工作的态度。假如你真的希望把工作做好，你就会努力去工作。你希望成为老板眼中的能人，成为公司不可或缺的人物，那么，你就需要积极主动地面对自己所要做的工作。可是，却有很多人并不知道这一点。

在工作中，任何消极的态度都会给你造成阻碍，会挡住你通往成功的路。而积极的心态，就像是一把钥匙一样，可以将你成功的大门打开。不管什么时候，只有积极主动才能够为自己带来提升的机会。

当我们在积极主动地做事的时候，我们会开动脑筋，考虑如何把工作更快更好地完成。一个优秀的员工，他总能主动为自己的职场开辟出广阔的空间。

吴素雅取得了机械专业的博士学位后，没有急着去世界500强的企业工作，而是选择到一家非常普通的制造汽车零配件的企业来做质检员。

最开始的时候，吴素雅的待遇同普通员工一样。即便是这样，她依然非常努力地工作。每天早出晚归，这让公司里的同事非常不理解。这一切老板一直看在眼里，记在心上。

差不多工作了半个月，她发现公司生产产品的成本非常高，然而，产品的质量却根本上不去。于是，她自己就主动去做了大量工作，做出了一份详细的计划书。

身边的很多同事都不理解她，劝导她说："老板给你的工资也不是很高，你为什么这样辛苦地为他工作呢？"她笑着说道："我并不是为了工作而工作的，既然我做了这份工作，那么，我就要将它做好。对工作负责，实际上也是对我的未来负责，这样我才可以安心工作。"

当她将自己写好的计划书交给老板后，老板非常惊喜，同意了她的计划。过了一年，吴素雅晋升为公司的经理。

从上面的故事中我们可以发现，我们面对工作时的态度，就已经决定了我们的工作待遇。如果没有积极主动的心态，那我们在工作中必然会处于一种被动的状态。没有主动的精神，我们就会认为工作完全是为了自己的薪水，也就无法拿出百分之百的精力投入到工作中去。而当我们换了另一种心态，积极主动地面对工作时，就好像将我们的潜能都激发出来了一样，工作也就变得非常简单。

每个老板都希望自己能够找到一个有才能的人。在公司里，有很多重要的任务等着你去做，就看你有没有能力去完成。一个积极主动的人，往往会将自己的能力表现出来，让老板知道他的才能。因此，他们也就有了更好的工作机会。当你在积极主动地工作的时候，还会在工作中得到磨炼，自我的能力得到更好的提升，这对你未来的事业也会有很大的帮助。

朱新礼大学刚毕业就来到了一家出版社，做编辑的工作。他的文笔非常好，工作的时候也非常认真。因此，他总是受到领导和同事的称赞。不过，出版社的新员工薪水非常低。工作了一段时间后，薪水依然没有涨，于是，很多新员工就开始抱怨："本来以为到了出版社，能够有很好的薪水和福利，没想到这么少！工作了快一年了，一点工资都没有涨。"

朱新礼并没有参与到这种私下的抱怨中，他依然勤勤恳恳地工作着。有很多人笑他傻，拿了那么一点工资，还依然那么卖命地工作。然而，每次他都是微微一笑，然后又开始全身心地投入到了工作中。

当时，出版社有一大批书要出版，因此，编辑的工作多了很多，每个人都非常忙碌。而出版社领导根本就没有增加人手的打算，后来，甚至要求编辑部的人去帮忙发行。这样一来，不仅仅是新员工，就连老员工也觉得非常不满意。整个编辑部只有朱新礼愿意去发行部门帮忙，其他的人都只去了一两次，就不再去了。

有人偷偷地问他："你这样每天都被指派来指派去，干了那么多的活，最后却拿了那么一点的工资，你为什么还要干呢？"

朱新礼笑着说："愿意多付出，你才能够收获更多。我认为多做事对我来说没有什么坏处，反而能够增长我的经验和知识。"

两年过去了，同朱新礼一起来到公司的新员工，有一些已经被辞退了，还有一些，虽然在编辑部继续工作，但是他们的薪水待遇没有提升多少。但是，朱新礼的薪水已经提升了两倍，而且，他已经成了第五编辑室的负责人。

从上面所讲述的事例中我们发现，你想要在职场中获得更多的机会，更好的发展，就必须要积极主动地去工作。主动并不只是说将我们的工作做好，更重要的是，可以将我们的能力慢慢地表现出来。

　　一个敬业的人一定也是一个懂得主动工作的人，而主动工作使我们能够得到更多的回报，可以让我们了解更多的工作，这对我们的职业生涯有很大的帮助。不仅能把工作做得更好，同时也是修炼自我能力的过程。这样一来，我们不仅为公司做出了贡献，而且还能够提升自我能力。

努力进取，主动付出

成功是没有捷径的，成功是一步一个脚印走出来的。成功需要我们长年累月的行动，需要我们不断的付出。

成功者通常会主动去工作。他们在别人还没起床的时候，就已经起床开始工作了；在别人还在休息的时候，他们已经完成了工作；在别人走了一里路的时候，他们已经走完了两里路；在别人仅仅读了一本书的时候，他们已经读完了两本书；别人工作八个小时，他们会工作十个小时。这就是成功的人，他们时刻都在付出着。

当成功的人超越了别人之后，他们就给自己制定下一个目标，超越自己。今天他们拜访了 15 个客户，那么，明天他们会争取拜访 16 个，甚至更多。今天读了一个小时书，明天他们会抽出更多的时间来读书。在他们觉得累了的时候，想的不是休息一下，而是再多做一点，再多走一步。这也是他们能够成功的原因！

美国有一个非常著名的汽车推销员，连续好几年都是公司排名第一的推销高手。在每天回到家的时候，他总会认真读一遍自己在书桌前面贴的一句话："今天你还需要再卖一台车才能回家睡觉。"读完之后，他便会利用休息时间出去找客户。而他的这种进取精神也给他带来了巨大的成功。

人终究是有惰性的，在实际工作中，很多人根本就不愿意多做一点、多付出一点，他们希望明天多睡一会儿懒觉，少做一点工作，多休息一会。

但总是有这样的想法，又怎么会获得成功呢？

如果一个人，每天都希望多休息一会儿、少做一点事情，那么，慢慢地他就会形成这样的习惯，最终会让自己陷入平庸。而那些多做一点点，多付出一点点的人才更容易成功。成功与失败实际上就是差了那么一点，你想要成功，就必须主动付出，主动争取。

率先主动是非常难得的一种品质。尤其是那些初入职场的员工。积极的员工可以更加敏捷，做事的效率会更高。不管你是管理者，还是普通职员，只要你能积极主动地付出，你就一定可以在竞争中脱颖而出。

其实，努力与付出从来都是一种收获。每天早到公司 10 分钟，不要觉得吃亏了。实际上，领导都知道，他们会觉得你非常重视这份工作。在你每天提前到公司的那一会，对自己的工作做一个大致的规划，当别人还在考虑今天应该做什么工作的时候，你已经在工作了。下班的时候晚一点走，把你今天所做的事情做个总结。这样一来，你的工作会更加条理清晰，效率也更高。

如果你能够比分内的工作做得更多，那么不仅可以彰显你的勤奋美德，同时也可以提升你的工作能力，让你具有更加强大的生存力量，可以更加轻松地走向成功。

"我虽然经常缺勤，但是我有能力。"不要觉得你这样说，领导就会看重你。你再有才能，但是你不认真工作，不积极主动为公司做事，领导也不会再聘用你。

有一个年轻人非常有才能，他在一家贸易公司工作，业绩突出。

但是，他有一个坏毛病，就是常常缺勤，有的时候甚至不和领导打招呼就自己去办私事了。他虽然在公司工作了两年多，但是却一直没有升职加薪。本来他的升职机会非常多，但就因为这个毛病，领导每次都将他排除在升职人员的名单外。领导不是不让员工请假，无论是谁，难免会生病，或者遇到其他的事要处理。但是，对于一个经常擅自离开岗位的员工，谁又敢让他们担负重任呢？这也就是他为什么升不了职的原因了。

再有能力的员工，假如他总是推托工作，常常不在岗位上，那么，他的才能也不会得到很大的发挥。这样的员工又怎么能够给企业带来利润呢？有才华不仅需要展示，同时也需要更多地运用，需要将你的才华发挥出来。所以说，不要觉得缺勤、不在岗没有关系，时间长了，对公司的影响会非常大。

对一个员工来说，多付出一点和少付出一点的差别在短时间内可能看不出来，但天长日久，就可以看出一个员工的优秀与平庸。对那些积极主动的员工来说，他们是不会轻易缺勤请假的，他们只会认真完成工作，多做一点工作。

积极主动的员工，会努力把握自己的人生，从而更好地掌握主动权。为自己的公司负责，也是为自己负责。积极主动的人，通常会与人交流自己的想法和意见，并且，自愿承担一些公司的额外工作。他们会找到自己的长处，他们更了解自己喜欢的工作。并且积极主动的人更有自信，他们懂得不断地激励自己，让自己获得更多的成长机会。

任何一个人身上都有没被开发的潜能。那些积极主动的人，通常会让自己隐藏的潜能激发出来，他们知道自己的未来，知道如何去工作，他们也就更加容易获得事业上的成功。

我们需要在日常的工作中主动进取，不管什么时候都实干。在一个企业中，假如每个人都能够主动实干，那么，他们就会形成一种力量，让企业得到更快的发展，获得更多的利润。

主动一点，机会就会更多一点

不要觉得你所工作的公司只是老板一个人的，你工作做得好坏，直接关系到了你自己的职业发展。经常抱怨的人，很容易成为"按钮"式的员工。他们常常是按部就班地工作，缺乏活力，时刻需要人监督。在老板不在的时候，他们可能就会偷懒，玩游戏、打电话，实际上这是在自毁前程。

不管我们在做什么样的工作，都不应该把自己当成是打工的人，我们要把公司当成是自己的公司来看待，把工作当成是自己的事业。这样一来，我们在工作的时候就会更有激情，更加负责，而且也会更加主动，你所得到的也不只是工作给你带来的成就感，甚至会有很多的机会。

在当今社会中，职场上有很多对工作消沉的人一定要在上级盯着的情况下才能够好好地工作。要不然的话，他们就会偷懒，老板给多少任务就完成多少，多干一点活都觉得很委屈。但是，你想过没有，与其这样每天浑浑噩噩地混日子，那还不如好好利用自己的业余时间来多干点工作。完成了本职工作，还可以积极主动地做一些其他的事情。如此下去，一天两天也许看不出什么变化，但是，时间久了，你就会发现，自己做了好多事情，能力也在慢慢地提升。自然而然地，就能够得到更多的机会。

张珊珊在一家公司做秘书。有一次，张珊珊同老板一起去见客户。陪老总去见客户之前，她请示要不要把合同带上。老总认为是初次见面，没有必要，而且签合同还早着呢。张珊珊觉得老总说得有道理，但是，就在她离开公司的时候，她还是将已经准备好的所有资料都带上了。

见到客户以后，客户对公司的产品表现出了极大的兴趣，不停地问这问那，最后聊到了合同。老总此时心里很后悔没有带上合同。就在这个时候，张珊珊微笑着从包里面拿出了文件资料，客户看了以后觉得非常满意，接着，张珊珊又拿出了公司的合同。经过了一番谈话，终于，客户决定立即签合同。

事后，老总对张珊珊非常赞赏。不久就为她涨了工资，还在全公司对她进行了表扬。

对于那些成功的人来说，不管面对的工作是简单的还是复杂的，不管对工作有没有兴趣，他们都会主动去做事情、找解决的办法。甚至于，他们可能比老板更加积极。这种主人翁的意识当然可以帮助一个人获得更好的发展。

一个人想要获得更高的成就，那么就要具有自动自发的精神。即便我们面前的工作非常无聊，也不应该找借口推托。

美国钢铁大王卡内基这样说过："在我们的生活中，有两种人永远都一事无成，一种是那些除非别人要他去做，否则他绝对不会主动去做事的人；而另一种人则是那些别人要求他做，他也不好好去做，做不好的人。那些不需要别人催促，就主动去做事情的人，他们不会半途而废，因为他们知道，付出的多，回报的也多。"

然而，让人感到遗憾的是，在日常工作中，很多员工并不能做到这一点。他们不去主动做事，工作态度也很差。在接到指令后，还要等到老板具体告诉他每一个项目可能会遇到的问题等。他们根本就不去借鉴过去的经验，也不会去思考这次任务到底和以前的任务有什么不同，是不是应该有什么地方需要提前注意等。他们在工作中投入的很少。他们遵守纪律、循规蹈矩，但是却没有一点责任感，只是非常机械地将自己的任务完成，一点创造性也没有。在老板看来，这样的员工根本就不会有发展。只有那些能准确掌握自己的指令，并主动加上自身的智慧和才干，把指令内容做得比预期还要好的人，才是老板真正需要的人。

陈宇大学毕业不久，来到一家新公司上班。虽然他已经在这家公司干了将近半个月的时间，但是他似乎还没有真正进入工作的状态。他根本就不知道应该做点什么好。上班的时候，他坐在办公桌前发呆，看着其他的同事都在认真地工作，他感到非常迷茫。

日复一日，时间很快就过去了。陈宇每天都是一样，在办公桌前坐着，没有事情可做，自己也不知道该做什么。相反，他的同事们却忙得不可开交。他觉得非常郁闷，以为公司想要辞退他，为什么一点工作也不给他安排呢？他越想越觉得有些不安。于是，他去找了部门主管，希望可以得到一些工作任务。

他的话还没有说完，没想到主管表现出了惊讶的神情。主管说："你难道一点事情也没有吗？"

陈宇没有回答。

"你为什么不自己找点事情做呢？"主管稍微停了停，指着那些忙碌的同事说，"他们的工作难道也是我给他们找的吗？为什么不自己找点工作做呢？"

陈宇看了看其他人，觉得非常不好意思。他竟然从未意识到这是一个严峻的问题。

很多人在工作中和陈宇一样，他们没有了领导委派的任务就不知道该做什么了，也不知道自己的工作重心在哪里，应该怎么做。对一个真正具有敬业精神的员工来说，他是绝对不会这样的。很多时候，他们会积极主动地找事情做。

如果一个人在职场中能够得到长期的发展，那么，他一定是一个具有敬业精神的人，是一个能够积极主动地面对工作的人。我们要明白，在工作中，不管我们需要担任的是什么样的任务，都要好好去做。

其实任何公司都有一套分工明确的责任体系，老板没有太多的时间来给每个员工安排工作。很多时候，需要我们自己去积极主动地寻找工作。我们在开展工作时，就算是能力很强的人，也很难预料会发生什么样的问题，所以，我们在具体的工作中，需要积极地调整步伐。如果所有的事情都需要等待安排，那么，我们又怎么能够做出好的成绩呢？我们必须从等待工作的状态中走出来，做一个敬业的、积极主动的好员工。

养成主动工作的习惯

主动的人总是精神饱满、积极乐观。在工作中，他们总是积极地寻求各种解决问题的办法，即使在工作遇到困难和挫折时也是如此。

作为一名普通员工，我们有理由相信，在工作当中，养成主动工作的习惯一定能够给我们的工作带来不一样的变化。

那天正好是星期六，刚刚大学毕业的王楠到当地的人才市场上去找工作。她发现有一家招聘摊位前挤满了求职者，于是也跟着挤过去看，原来这家单位正在招聘自己想要寻找的秘书职位。

由于前来应聘的人特别多，加上当时正值酷暑，大厅内温度非常高，求职者的嘈杂声让应聘考官心烦意乱。就在应聘考官决定暂停当天的招聘时，他突然发现整个大厅里的嘈杂声小了许多，当他正要站起来看个究竟时，旁边的工作人员告诉他，是前来应聘的一个女孩在大厅内主动帮助维持秩序。考官听到这话，心头一震：自己从事招聘工作这么多年，还从来没有遇见过女孩这种主动工作的行为呢，像这种积极性、主动性强烈的女孩现在还真是少见，这种行为也正是一个秘书所要具备的基本要求。

于是，这位应聘考官立即停止手头的工作，让旁边的工作人员把正在大厅后面维持秩序的王楠叫到自己的跟前，询问她为什么能够主动站出来维持大厅的秩序，并仔细地看了王楠提交的求职简历。王楠拂了拂额前的头发，面带微笑地说："没什么，我也是求职队伍中的一员，维持好求职秩序和环境，是每一位求职人员应该做的事情，况且您也需要清净来阅读我们的求职材料。"

最后，王楠在众多的求职者中脱颖而出，成为唯一的成功者。

通过上面的例子，我们不难看出，王楠这种积极主动的行为，正是她求职成功的主要原因。

相信很多人在工作时都会有偶尔懒惰和拖延的情况发生。有的人想改掉这个毛病，但苦于无处着手。

懒惰会让人的心灵变得灰暗，会让你对勤奋的人产生嫉妒，一个懒惰的人只会看到事物的表面现象，看到别人获得了财富，他会认为这不过是别人比自己更幸运罢了，看到别人比自己更有学识和才智，则说那是因为自己的天分不如别人。这样的人不明白没有努力是难以成功的。事实上，每一个成功者的成就都是依靠自己的不懈努力获得的。

懒惰的人最大的恶习就是拖沓。把头一天的工作拖延到第二天，这种工作习惯实在让任何人都无法对他产生信任。对一个渴望取得成功的人来说，拖延是一个危险的恶习，它将让你裹足不前。

拖延简直就是对我们宝贵生命的一种无端浪费。但是这样的行为却在我们的工作和生活中不断发生，如果把你一天的时间记录下来，你会发现，拖延不知不觉地消耗了你大部分的时间。

有许多这样的人，他们大清早就被闹钟从睡梦中惊醒了，他一边想着自己的计划，一边又在对自己说——再睡一会吧！就这样，五分钟过去了，十分钟过去了……

人们找借口总是那么理由充分，然而却难以把工作做好，这实在是件十分奇怪的事。其实，一个人只要把他那些整天想着如何欺瞒他人的时间和精力用到正事上来，那么他们是一定能取得一番成绩的。

那么，有什么方法可以消除你在工作中的懒惰和拖延呢？最好的途径就是养成主动工作的习惯。

当主动工作成为一种习惯的时候，我们便不会因为懒惰和拖延而耽误了工作，自然而然地，就能够在工作上更加顺利。我们该如何养成主动工作的好习惯呢？总的来说，养成主动工作的好习惯需要我们有以下品质。

首先，顽强的毅力。狄更斯认为："顽强的毅力可以征服世界上任何一座高峰。"富兰克林认为："唯坚忍者始能遂其志。"马克·吐温则认为："人的思想是了不起的，只要专注于某一项事业，就一定会做出使自己感到吃惊的成绩来。"从这些伟人、名人的格言中，我们可以体会到，毅力对于事业的成功具有多么重要的意义。

人生道路到处布满了荆棘，有着各种各样的挫折。走在这条崎岖的道路上，如果你不具备坚强的意志，那么意味着你难以成就大事，你的一生只是平庸的一生。如果你有坚强的意志，那么即使你遇到挫折和失败，也不会停下来，跌倒了爬起，再跌倒，再爬起。就这样，你获得了真正的人生，从而走向成功的彼岸。

主动工作需要我们不懈的努力，而养成主动工作的习惯则需要长期的毅力，因此，想要培养自己主动工作的习惯，就需要培养我们的毅力，让毅力促成习惯的养成。

其次，坚强的意志力。我们在主动工作的过程中必然会体会到诸多不公平，比如，自己做得比别人多，拿得却比别人少。或者是一些人在背后进行诋毁、讽刺，而这些负能量正需要我们用坚强的意志力去克服。

那么，该如何培养坚强的意志力呢？很简单，只要你确定工作的目标，专注于你的目标，那么你所有的思想、行动及意念都会朝着那个方向前进。坚强的意志是身体健康的一部分，不管发生了什么情况，你必须具有坚持把工作完成到底的能力。它是身体健康和精神饱满的一种象征，这也是你发展成为领导者并赢得卓越的驾驭能力所必需的个人品质。实际上，意志力是与勇气紧密相关的，当事态真正遇到困难时你所必备的一种坚持到底的能力，是需要跑上几公里还得具有百米冲刺的能力。它也可以被认为是需要忍受疼痛、疲劳、艰苦，并体现在体力上和精神上的持久力。

意志是你在极其艰苦的精神和肉体的压力下长期从事卓有成效的工作能力，它是需要你长时间付出的额外努力。

最后，要从小事做起。高尔基说："哪怕是对自己的一点小小的克制，也会使人变得强而有力。"生活一再昭示，人皆可以有毅力，人皆可以锻炼毅力，毅力与克服困难伴生。克服困难的过程，也就是培养、增强毅力的过程。毅力不很强的人，往往能克服小困难，而不能克服大困难；但是，克服小困难之小胜也能使人积大困难之毅力。小事情很多，从哪些小事情做起，有的人好睡懒觉，那不妨来个醒了就起；有的人"今日事，靠明天"，那就把"今日事，今日毕"作为座右铭；有的人碰到书就想打瞌睡，那就每天强迫自己读一小时的书，不读完就不睡觉，只要天天强迫自己坐在书本面前，习惯总会形成，毅力也就油然而生。人是需要从自己做起的，因为人有惰性。克服惰性需要毅力。任何惰性都是相通的，任何意志性的行动也是共生的。事物从来相辅相成，此长彼消。从小事情做起就可以培养大毅力，其道理就在其中。

要养成主动的工作习惯，我们也可以为自己制定一个明确的工作任务，并主动去完成它。如每天至少做一件对他人有价值的事情，不要去在乎是否有报酬；每天告诉别人养成主动工作习惯的意义，至少告诉一个人以上，以此提醒自己主动工作。

总而言之，养成主动工作的习惯也不是一朝一夕就能完成的事，我们必须要培养自己的毅力、意志力，从小事做起，把自己当成是企业的主人而不是一名"打工者"，只有这样，我们才能够逐渐获得主动工作的习惯，并使之成为我们工作品格中最重要的一个"亮点"。

不做消极的员工

在企业中，我们总能看到消极的员工。他们认为自己按时上下班，从来不迟到、不早退就是对工作负责了。他们工作的主动性很差，就和"算盘珠子"一样，你拨一下，他们就动一下，如果你不拨，它就不动。在工作中，他们都是在敷衍工作，一点积极性也没有。

对于那些敷衍工作的人来说，他们总是在消极被动地等待工作，根本没有主动出击的意愿。但我们也都知道，在工作中，如果只是一味地去等待工作，那么实际上就已经陷入了被动，长此以往，肯定会限制自己的成长。

李开复这样说过："我们不应该只是被动地等待别人告诉我们应该去做什么工作，我们需要的是如何主动去了解自己的兴趣，并且很好地去规划它们，尽心尽力，认真负责地去完成。仔细想想，那些获得了成功的人，他们哪个是等着别人吩咐工作的人？在对待工作的时候，我们应该像对待孩子一样，富有责任心和爱心，全力投入到工作中去，不断努力。如果你真的这样做了，那么，你离成功也就很近了。"

对此，下面这个故事或许可以做一个很好的说明。

兄弟三人在一家公司上班，但他们的薪水并不相同：老大的周薪是350美元，老二的周薪是250美元，老三的周薪只有200美元。父亲感到非常困惑，便向这家公司的老总询问为何兄弟三人的薪水不同。

老总没做过多的解释，只是说："我现在叫他们三个人做相同的事，你只要在旁边看看他们的表现，就可以得到答案了。"

老总先把老三叫来，吩咐道："现在请你去调查停泊在港口的船，船上皮毛的数量、价格和品质，你都要详细地记录下来，并尽快给我答复。"

老三将工作内容抄录下来之后，就离开了。5分钟后，他告诉老总，他已经用电话询问过了，他通过一通电话就完成了他的任务。

老总再把老二叫来，并吩咐他做同一件事情。一个小时后，老二回到总经理办公室，一边擦汗一边解释说，他是坐公交车去的，并且将船上的货物数量、品质等详细报告出来。

老总再把老大找来，先将老二报告的内容告诉他，然后吩咐他去做详细调查。两个小时后，老大回到公司，除了向总经理做了更详尽的报告外，他还将船上最有商业价值的货物详细记录了下来，为了让总经理更了解情况，他还约了货主第二天早上10点到公司来一趟。回程中，他又到其他两三家皮毛公司询问了货物的品质、价格。

观察了三兄弟的工作表现后，父亲恍然大悟地说："再没有比他们的实际行动更能说明这一切的了。"

从这个案例中我们可以看出，主动性可以体现出优秀员工与一个普通员工的差距。积极主动的员工可以将工作做得非常圆满，让老板省心，而这也是老板所喜欢的员工。

在企业中，我们发现大部分员工在等待领导的安排，然后才去工作。这样的员工就没有一点主动工作的意识，在工作中也无法很好地完成任务。领导也不会赏识这样的员工。在工作中，那些总是将被动变成主动，积极工作的员工，往往会赢得更多客户的信任，他们自己的业务也有一定的提升，做出更大的业绩。从下面的故事，我们会发现主动和被动的差异有多大。

"我现在要讲的实际上是一次我的亲身经历。当时，我仅仅是一个做润滑油销售的普通员工，负责中国地区的推广。那个时候，知名的润滑油品牌，如埃克森和美孚早早就打入了中国市场，而且它们的质量、品牌都受到了大众的认可。而我们公司的产品，在中国无人知晓，中文名字还是我去注册的，想要打开销售的局面很难。"现在是一家润滑油企业销售经理的李春这样说。

"有一次，我和我们一个销售小组到一个非常偏僻的汽车维修厂去推销我们的产品。当时，那家维修厂所用的产品基本上都是埃克森和美孚的，虽然说维修厂的外观破旧，可是生意非常红火。我进去后，还没有说几句话，甚至连我们的产品都没有介绍完，这家维修厂的经理就感到不耐烦了，他吼道：'你们公司到底是什么产品，根本就没有听说过，还是不要耽误我的时间了。'"李春回忆，"当时我受到了很大的打击。"

"'经理，我可以最后再问您一个问题吗？'他没有说话，表示让我问，我就问了一个问题。没想到，就是这个问题让我得到了这个客户。我当时是这样问的：'经理，你的工厂外观非常陈旧，而且所处的地段也非常偏僻，你是如何让那些宝马、奔驰汽车到您的修理厂来维修的呢？难道工厂一开始就有非常好的业绩吗？'经理听了后，感觉很不舒服，他反驳我：'怎么会那么顺利，我刚开始营业的时候，一点生意也没有。后来，由于附近发生了一起车祸，我们求人家来这里维修，这才获得了第一个客户。'"

"经理的情绪有些激动，我又接着说：'实际上，我们的产品也是第一次进入中国市场，我们现在的情况和你当初是一样的，但是，如果你可以给我们一次机会，我们也需要来证明我们的产品。’没想到，后来经理同意了，他表示愿意试一试我们的产品。”

实际上，我们所谓的成功一点也不难。很多时候，成功是我们自己争取过来的。如果你总是被动地等着，那是根本不可能的，你要知道，天上是不会掉馅饼的。而且，就算是天上掉馅饼了，那也需要我们去捡才行。总是被动地等着，怎么可能获得成功呢！

一个刚刚毕业不久的大学生对他的老师说："我投递了两份简历，其中，我非常喜欢的一份工作竞争很激烈，我只好等着了。如果实在不行，我就去另一家公司上班。"

老师感到非常惊讶，说："既然你非常喜欢第一份工作，那么你为什么不主动一点呢？主动去争取。"

不管什么时候，都不要忘了，被动实际上就表明你在弃权。只有主动积极地去争取，你才可以获得你想要的。

在工作中，消极的态度会给你造成阻碍，也可能挡住你通往成功的路。而一个积极的心态，就像是一把钥匙一样，可以将成功的大门打开。很多时候，机会是通过我们自己的积极主动获得的。因此，我们需要从现在开始，抛弃消极和被动，让自己变得自信、积极起来。

兴趣让你更加主动

犹太裔科学家爱因斯坦曾说过："兴趣是一个人最好的老师。"也就是说，一个人如果对某件事情感兴趣，那么它最好的老师就不是一个人，而是这个人本身所有的兴趣。

也正是因为如此，我们很多人在选择的过程中就会对那些感兴趣的东西特别上心，而对那些不感兴趣的东西就有一种天生的排斥。

作家威廉·菲勒斯说："成为成功者的主要条件是，每天都对自己的工作感到新奇。"

工作有没有成就感，是因为自己不去将工作兴趣化，如果能将工作升华为兴趣，那么相信你无时无刻都能感受到工作的喜悦。

美国医药界的翘楚，现在是世界上前五名的制药最大厂商的老板查理·华葛林，原来他只是开设一家规模很小的西药房，同样有着一般人的想法，埋怨自己的职业，对工作感到无趣。

虽然对工作做得不是很起劲，但他曾问自己："我能舍弃这种生涯吗？""我能在我的职业中施展我的才能吗？"想了又想，不停地反复思考这个问题的他，终于下定决心，想到了一个方法。

这个方法就是把工作当作有趣的游戏，他是怎么做到的呢？例如，有人打电话订货，他一面接电话，一面举手招呼他的伙计，立刻把货品送去。

有一天，电话来了，他大声地回答说："好，郝斯福夫人，两瓶消毒药水，四分之一磅消毒棉花，还要特别的吗？啊，今天天气真好，还有……"

他不时地与顾客沟通，同时指挥伙计把货物取齐马上送去，而伙计经过他的训练，很快就能处理妥当，在接电话的几分钟内，物品已经送到郝斯福夫人家的门口，但他们仍继续谈话，至到她说："门铃响了，华葛林先生，再见。"

于是，他放下电话听筒，面露喜色，因为知道货物已经送到。

事后，郝斯福夫人常对别人说起这件事，当她订货的电话尚未打完，物品就已经送来了。由于她无意中的传播，使得附近的居民都来华葛林的药房订货，并且渐渐扩展到别区的居民，最后都成为他药房中的忠实顾客。

从此以后，他从一间小小的药房，慢慢扩充为公司，然后成立了制药厂，连各地都开设了连锁店。

其实，华葛林的成功，不在于工作的本身，而是他面对工作的态度，正因为他懂得转换工作的心情，把原本枯燥乏味的工作当成兴趣，自然可以做得轻松愉快。

一个人学习一件自己感兴趣的事情时，更容易学到精髓，提高工作能力，直到最后的成功。同样的道理，对一件我们不感兴趣的事情，我们也会产生天生的排斥感。

在这个充满竞争的社会，很多时候我们都会身不由己，尤其是对一些刚刚步入社会的职场新人来说，更是处处艰辛。有多少人能够找到一份自己十分喜爱的工作，很多人迫于生活压力都只能选择一份自己并不感兴趣的工作，这也是十分普遍的。

但是，很多人并不知道，即便如此，我们依旧可以培养自己对工作的兴趣，变被动为主动。如果我们已经进入了该行业，我们也可以坚信，既然别人能够做好这份工作，我其实也可以。

心理学家扎荣茨曾经做过一个试验。

他让一些人观看某个学校毕业生的毕业纪念册，并确保这些人并不认识照片中的任何一个人。在看完纪念册之后，他又拿出照片中几个人的单人照，有的人有十几张单人照，有的人甚至有几十张。更多的人一次都没有在单人照中出现。

在做完这一切准备工作之后，扎荣茨要求看过照片的人说一说自己对这些人的喜爱程度。结果是惊人的：那些出现次数越高的人，越被大家喜欢。几乎所有人都更喜欢那个有二十多张照片的人。也就是说，看照片的次数增加了他人的喜爱程度。

这就是心理学上著名的"单纯曝光"试验。这个试验的道理引申到职场当中便是：一个人对自己的工作越熟悉越了解，就可能会越来越喜欢这份工作，即使一开始他对这份工作不是很感兴趣，通过对自己的兴趣培养，这份工作仍然可以成为他感兴趣的对象。

那么，我们该如何在工作当中培养自己的兴趣，好让自己更加主动呢？

首先，我们要全身心地投入到工作当中。根据心理学家的研究，当一个人全身心地投入到工作当中之后，他能够从内心当中建立起与工作的感情联系。这就像是个人的饮食习惯一样，当我们吃了二十多年的大米饭之后，再换上小麦作为主食我们可能也不适应了。这是因为，我们的饮食习惯让我们与"大米饭"建立了感情联系，而这种联系正是我们兴趣的来源。

其次，我们要挖掘工作中的一些兴趣点。我们每个人都有自己的兴趣，比如说，一个爱好自由的人可能会去选择摄影师这样的工作；一个严谨古板的人可以去做安检员。但每一份工作都是由众多环节构成的，摄影师的工作虽然看似自由，但也有不自由的地方，比如他也无法按照自己的意愿去选择做还是不做，今天做还是明天做。同样的道理，一份看似古板无趣的工作实际上也可能存在一些非常有意思的地方。如果我们能够找到这些有意思的地方，自然对这份工作就能产生更多的兴趣。

最后，我们要调整自己的心态。其实，这个世界上并没有十全十美的工作。我们羡慕别人的工作自由，别人可能羡慕我们工作稳定，因为人总有"这山望着那山高"的心理存在，所以对于当下总不容易满足。如果我们能够调整好自己的心态，把当下的当成是最好的，那么在工作当中，我们就能够培养出对工作的兴趣，并变得更为主动一些。

兴趣能够让我们更加主动地去工作，因此，我们每个人都应当从每一处细节当中培养自己对工作的兴趣。其实这是一笔很划算的买卖。"开心是一天，不开心也是一天"，如果我们能够培养出对工作的兴趣，开开心心地、主动地去工作，那我们能够获得的回报肯定会比消极地、愁眉苦脸地去工作要多得多。而"兴趣"与"主动"这两者又是相辅相成的，兴趣可以催生出主动，主动也可以催生出兴趣，拥有了这两点，你会发现，工作原来如此地轻松！

第五章
敬业精神体现在工作的细节中

敬业

专注细节，努力去追求完美

在工作中，我们需要有一种精益求精的工作态度。因为想要追求完美，你需要的不仅仅是才能，还需要有精益求精的工作态度，并尽己所能，让工作达到一个新的境界。

列夫·托尔斯泰说过："人类的信仰在于自强不息地追求完美。"追求完美的工作表现，并不是指单纯地追求工作业绩。它不是一种硬性可计量的标准，它是一种心理状态和存在。在现实的工作中，你要将自己最擅长的才智发挥出来，应用到你孜孜追求的事业上。不要满足于尚可的工作表现，要做最好的、最完美的，你才能成为不可或缺的人物。人类也许永远不能做到完美无缺，但是在我们不断激扬自己的精神、不断挖掘自己潜能的时候，我们对自己要求的标准会越来越高，我们的能力也就会越来越高，这是人类精神的精髓所在。

著名的管理培训大师余世维说过："一个做事不追求完美的人，是不可能成功的，而要做到完美，就必须注重细节。"这句话对于当今竞争激烈的职场，显得尤其重要。每一个求职的人几乎都会体验到，人才市场供大于求，找一份理想的工作可谓难于上青天。而在职场摸爬滚打的人也发现，现在职场人士受教育程度普遍提高，同一职场环境中员工之间的差距也越来越小。要想从同事中脱颖而出，比别人更能获得加薪和晋升的机会，绝非易事，在这样的背景下，要想在职场出人头地，实现抱负，就要秉承做事追求完美的理念，专注于细节，把自己的活儿做到极致。

年轻的洛克菲勒最初在石油公司工作时，既没有学历，又没有技术，被分配去检查石油罐盖有没有自动焊接好。这是整个公司最简单也是最枯燥的工序，同事戏称连三岁的孩子都能做。每天，洛克菲勒看着焊接剂自动滴下，沿着罐盖转一圈，再看着焊接好的罐盖被传送带移走。半个月后，洛克菲勒忍无可忍，他找到主管申请改换其他工种，但被回绝了。无计可施的洛克菲勒只好重新回到焊接机旁，既然换不到更好的工作，那就先踏实下来把这份工作干好算了。

接下来，洛克菲勒开始认真观察罐盖的焊接质量，并仔细研究焊接剂的滴速与滴量。他发现，当时每焊接好一个罐盖，焊接剂要滴落39滴，而经过周密计算，实际上只要38滴焊接剂就可以将罐盖完全焊接好。经过反复测试、实验，最后洛克菲勒终于研制出"38滴型"焊接机，也就是说，用这种焊接机，每只罐盖比原先节约了一滴焊接剂。就是这一滴焊接剂，一年下来却为公司节约出一大笔开支。公司也没想到还有人能在这个岗位做出这么大贡献，年轻的洛克菲勒很快得到提拔，就此迈出日后走向成功的第一步，直到成为世界石油大王。

没有把这个岗位的任务完成到极致，洛克菲勒能有人生的这个惊人一跃吗？

对于"追求完美的工作表现"的人来说，他们的才华、激情和价值取向是一致的，而且他们时常有一种强烈的个人成就感。他们心存一个内在的灯塔，他们永远在追寻他们生活中的目标。

对于我们来说，顺其自然是平庸无奇的。为什么在可以选择更好的时候我们总是选择平庸呢？为什么我们总是有理由纵容自己碌碌无为？为什么我们不可以超越平庸？

也许有人会说做到 99 分就很不错了，何必再花大力气做到 100 分呢。

西方流传的一首民谣可以对此做出形象的说明。这首民谣说：丢失一个钉子，坏了一只蹄铁；坏了一只蹄铁，折了一匹战马；折了一匹战马，伤了一位骑士；伤了一位骑士，输了一场战斗；输了一场战斗，亡了一个帝国。

马蹄铁上一个钉子是否会丢失，本是初始条件的十分微小的变化，但所谓"千里之堤，溃于蚁穴"，你把一切都做得很好，就留下这么一个瑕疵，可能最后要你命的就是这个瑕疵了。对于我们来说，从早到晚，不管阴天还是晴天，每天都必须到达指定的地方开始工作。而只有在坚持工作数个小时后，休息才显得格外甜美惬意。无论在哪里，账本上的数字必须精确无误；无论在哪个仓库，货物的数量必须和清单上一致；无论何时，对顾客的态度必须和蔼可亲。简而言之，无论做什么事情，我们都要付出百分之一百的努力，正是这种品质才能铸就成功的基础。

海尔著名的"一根头发丝"的故事，就生动地阐释了这一道理。

一次，厂领导杨绵绵在分厂检查质量工作，在一台冰箱的抽屉里发现了一根头发丝。她立即召开全体相关人员会议，有的职工说，一根头发丝不会影响冰箱的质量，拿掉就是了，没什么可大惊小怪的。但杨绵绵斩钉截铁地告诉在场的干部、职工："抓质量就是要连一根头发丝也不放过！"

今天，我们已经听到了千百个海尔员工抓质量一丝不苟的故事，而这千百个故事的序言，就是那个"一根头发丝"的故事。没有这样对质量近乎苛刻的要求，很难想象海尔能有今天的成就。

如果一个运动员不追求完美，那么他就不可能赢得金牌。把金牌带回家的运动员必须超越其他所有人，不用上百分之百的劲儿哪能成功。不要总说别人对你的期望值比你对自己的期望值高；不要老是觉得自己的工作干得很不错，要经常让别人来评判你的工作是否让人满意，如果哪个人在你所做的工作中找到失误，那么你就不是完美的，你也不需要去找一些理由，还是回去再把工作做得更完美一点吧！

不要忽视了细节

老子有这样的一句名言:"天下大事必作于细,天下难事必作于易。"其意思说的就是,大事一定要从小事开始,而天下的难事一定要从容易的事情做起。工作中,我们会发现,把简单的事做好,你就不简单了。

伟大从平凡中来。即便是再宏伟、英明的战略,如果没有一个严格、认真的细节去执行,那也是非常难实现的。"泰山不拒细壤,故能成其高;江海不择细流,故能就其深。"所以说,做什么事情都要认真,注重细节,细节决定成败。

德国化学家李比希曾经试着把海藻烧成灰,用热水浸泡,再往里面通氯气,这样就能提取出海藻里面的碘。但是他发现,在剩余的残渣底部,沉淀着一层褐色的液体,收集起这些液体,会闻到一股刺鼻的臭味。他重复做这个试验,都得到了同样的结果。这种液体是什么呢?

李比希想,这些液体是通了氯气后得到的,说明氯气和海藻中的碘起了化学反应,生成了氯化碘。于是,他在盛着这些液体的瓶子上贴了一个标签,上面写着"氯化碘"。

几年后,李比希看到了一篇论文——《海藻中的新元素》,他屏着呼吸,细细地阅读,读完懊悔莫及。

原来,论文的作者,法国青年波拉德也做了和他同样的试验,也发现了那种褐色的液体。和李比希不同的是，波拉德没有中止试验，他继续深入研究这褐色的液体有什么样的性质，与当时已经发现的元素有什么异同。最后，他判断，这是一种尚未发现的新元素。波拉德为它起名"盐水"。波拉德把自己的发现通知给巴黎科学院，科学院把这个新元素改名为"溴"。《海藻中的新元素》就是关于溴的论文。

这件事，深深地教育了李比希。他把那张"氯化碘"的标签从瓶子上小心翼翼地揭下来，装在镜框里，挂在床头，不但自己天天看，还经常让朋友们看。后来，他在自传中写道："从那以后，除非有非常可靠的试验作根据，我再也不凭空地自造理论了。"

从此，李比希更认真、更严谨地从事研究工作。有一次，他到一家化工厂考察。当时工厂正在生产名叫"柏林蓝"的绘画颜料。工人们把溶液倒入大铁锅，然后一边加热，一边用铁棒搅拌，发出很大的响声。李比希看到工人们搅拌非常吃力，就问工人："为什么要这样用力呢？"一位工长告诉他："搅拌的响声越大，柏林蓝的质量就越高。"

李比希没有放过这个问题，他反复思考：搅拌的声音和颜料的质量有什么关系呢？回去以后，他就动手试验，最后查出了原因。他写信告诉那家工厂："用铁棒在铁锅里搅拌，发出响声，实际上是使铁棒和铁锅摩擦，磨下一些铁屑，铁屑与溶液化合，提高了柏林蓝的质量。如果能在溶液中加入一些含铁的物质，不必用力磨蹭铁锅，也会提高柏林蓝的质量。"

那家工厂按照李比希的话去做，果然提高了颜料的质量，还减轻了工人的劳动强度。

李比希接受教训后，善于在异常现象中发现问题，又能通过试验找出解决问题的途径，所以成为化学史上的巨人。

做企业更是如此，你需要的是注重细节，将工作做到最好。因此，那些成功的企业都是一些将细节做得很好的企业。

麦当劳的总裁弗雷德·特纳，将麦当劳发展成功归功于细节上的制胜，他曾说："我们之所以取得了成功，那是因为我们的竞争者在细节上输给了我们。"

为了能够更好地贯彻这一思想，麦当劳一直在不断地细化各种管理的流程，他们安排麦当劳的员工去学习和培训。有一位麦当劳的员工这样说："我刚去麦当劳时，他们让我从最简单的工作开始做起——炸薯条，后来，等到我熟练了之后，他们会让我做奶昔，慢慢地我开始做更多的东西。在我们休息的一间小屋子里，我们会看到电视不停播放的关于操作流程的宣传片。"

为了能够将细节做得更加完美，麦当劳还特意编写了一本《麦当劳手册》，这本书让他们的工作更加完美。

这本书中有很多的服务细节，讲述得非常详细，例如"一定要转动汉堡包，而不是随意地翻动汉堡包""假如巨无霸做好后，10分钟内没有人买的话，那么，就要将其扔掉""收款员必须要时刻都保持微笑"等，甚至在打包东西的时候，怎么样去拿杯子、开关机器等都讲得很仔细。正是由于这本书，麦当劳的所有员工都可以各司其职，就算是新员工，也可以很快就胜任岗位上的工作。

他们如此看重细节，不停地规范细节。也正是由于对细节的关注，才让麦当劳快速发展起来，并成了大众喜爱的快餐店。一个企业，最大限度地去追求完美服务，关注经营的过程，这就是他们成功的秘密。

　　而敬业更是离不开每个细节。在工作中，只有我们不断去完善细节，将工作做到位，才可以把工作做到完美，才可以称得上是一名具有敬业精神的合格的员工。

　　很多时候，细节是非常重要的。有时候细节的力量是我们无法想象的。在工作中不要忽视细节，更不要瞧不起小事。很多人成功了，都是因为他们能够把握住细节，而许多大事的失败恰恰就是毁于细节。所以说，想要成为一名具有敬业精神的员工，就一定要意识到细节的重要性。认识到小事的重要，不放过任何细节，只有这样，才能把事情做到完美，让自己的事业和人生也更加精彩。

不放过任何细节

在日常工作中，大多数的人都在做一些非常具体的事、琐碎的事，因此，工作可能会有些单调乏味。工作过于平淡，有太多鸡毛蒜皮的小事，可是，这就是工作，是生活，是我们成功必不可少的过程。细节决定成败，在这之中有太多的寓意。

一个不注重细节的人，就算他某方面能力再突出，迟早也会因不注意细节而出现失误。

李东是某知名外国语大学毕业的高才生，他毕业后很快就应聘到了一家猎头公司工作。外语方面的优势让他很快获得了公司的认可，老板也很赏识他。因此，他获得了不少参与重要项目的机会。有一次，公司同一家跨国公司在商谈一个项目。在初步的洽谈之后，对方希望获得公司的详细的项目计划书。老板就将这个任务交给李东去完成。由于是大客户，公司非常重视，李东也很重视，每天都加班地工作。当他把全英文的计划书交给老板时，他认为自己完成得非常好。

没想到，过了几天，李东就被领导批评了。计划书中，索引没有对齐，索引的页码字体不统一，还有很多问题。老板说："越是细节的问题，越可以看出一个人的职业素养。"后来，李东做任何事情都会特别注重细节。

而三国时期蜀国的缔造者刘备，也是一个把握细节的高手。

三国时期，刘备出身寒微，他不像曹操那样出身官宦之家，也不像孙权那样是将侯之后，虽然说他有着皇叔之名，但也是有名无实。在他入川之前，颠沛流离了数十年，大起大落，然而不管到哪里，只要他振臂一呼，就有很多人追随他。诸葛亮这样的天才，也甘愿为他鞠躬尽瘁，死而后已。赵云在打仗中勇猛无敌，英明果敢，也一生甘愿为刘备卖命，从无二心。还有张飞、关羽这样的英雄也一直追随着刘备。

刘备到底是凭借什么赢得了这些英雄的追随呢？答案就是，靠细节来积累起来的个人魅力。当年刘备三顾茅庐，非常谦恭，"离草庐半里之外，便下马步行"。三顾茅庐的细节，让诸葛亮到死都心怀感激。当年，赵云从千军万马中将刘备唯一的儿子阿斗救出，刘备接过孩子就放在了一旁，非常焦急地询问赵云的伤势。最后，赵云为刘备忠心耿耿地征战了一生，到了 70 岁的时候，还披甲上阵。

在今天的社会中，很多人都有着远大的抱负，他们胸怀大志，然而真正能够成功的人却很少。那些成功的人，往往都会从点滴小事开始做起，从细小至微的地方开始做起。职业生涯的良好发展就是从做好本职工作，做好身边的细小工作开始的。世界上有很多的大公司，他们对小事都非常认真。

希尔顿饭店的创始人希尔顿就非常注重"小事"。他对公司的员工要求非常严格，他告诉员工们："请大家牢记，一定要将你们的笑容挂在脸上！不管什么时候，希尔顿饭店的服务员脸上的微笑永远是顾客的阳光。"正是由于有了这样的微笑，希尔顿饭店才得以发展壮大。

而不注重细节出的问题也是层出不穷。

有一位商场的床品售货员，由于开错了小票，最后给商场造成了1200多元的损失。本来售货员在开具小票的时候，顾客希望可以优惠一点，这时售货员一时疏忽，就把小写金额1350元写成了135元，然而，大写依然是壹仟叁佰伍拾元。小票交到收银台的时候，收银员也没有仔细审核小票，就按照小写的金额收款，最后导致少收款1215元。

在当时，1215元差不多相当于销售员一个月的工资了。为了能够将损失降到最低，商场终于找到了当时购物的顾客，说明了当时的情况。最后，顾客将差价补上，才没有造成损失。

从这些故事中我们可以获得很多启发，在我们的工作中，我们一定要脚踏实地地从小事做起，从点滴做起。要保持心思的细致，注意抓住细节，这样才可以养成做大事所需要的严密周到的作风。工作中的任何小事都不能够小看。把握了细节，才能把握成功。我们需要以认真的态度做好工作岗位上的每一件小事，用我们的责任心来对待每个细节。在岗位上，我们只有把小事做好了，才可以创造出最大价值。

德国有一家非常著名的连锁超市DM，现在已经有了1370家连锁店，两万多名员工。这么大的一个集团企业，其领导者并不是仅仅在办公室里研究市场发展状况、制定经营决策。DM的创始人格茨·维尔纳会经常到不同的连锁分店去考察。

有一回，他走进一家分店，视察一遍后对店长说："请给我一把扫帚？"店长不知道他要干什么，感到很困惑，维尔纳指了指地板上的灯光说："灯光的亮点都聚在了地上，没有任何用处。"然后，维尔纳用扫帚柄将天花板上的灯拨了一下，让灯光照在了货架上。

这样的小事，如果也需要领导亲自来监督，那么，他们还怎么管理公司。在工作中要不放过每一个细节，这就要首先从自我做起，关注细节，做出表率。

小事不仅能够反映出事物的内在联系及本质，而且还可以反映出公司的状况。通过对具体的小事进行观察，我们可以看到一个公司的运行情况。领导如果可以抓住这种带有倾向性的小事和细节，并用心去解决，那么，就能够起到示范的效应，从而可以更好地带动整体的工作。

有一位非常著名的企业家，他就是由于抓住了这种带有倾向性的小事和细节，所以他的公司发展得很快。他说："作为企业的领导，必须要有一种对细节非常注重的态度。在中国的企业里，领导做出的一个决策，在向下传达的过程中就会大打折扣。很多事情，你以为做好了，事实上，下面往往还没有开始干。因此，我们更需要抓住细节。"任何一件小事都有可能改变你的人生。

很多公司不缺少拥有雄韬伟略的战略家，他们缺少的是一些注重细节的员工，缺少的是各类管理的制度，缺少的是对细节的把握。很多时候，小事的意义有可能远大于战略的意义。这一点是我们每一个人需要铭记的。

精益求精，尽善尽美

在工作中，我们需要有一种精益求精的工作态度。如果你认为自己做得足够好了，那么你就危险了。因为这个社会是在时刻进步的，别人也是在时刻进步的。一旦我们满足于现有的一点成就，那么很有可能会很快被别人超过，甚至是被自己当下的工作所淘汰。因此，在工作中，我们需要的是一颗进取的心，我们需要竭尽所能，把工作做到最好。

不管你是在做什么样的工作，不管你现在正处于什么样的地位，假如你真的希望成为一个优秀的人，你就应该保持一颗精益求精的心，把工作做到最好。如此一来，我们能够让他人注意到我们，也能够让自己的能力得到提升。

李开复在攻读博士学位的时候，将语音识别系统的识别率从过去的40%提高到了80%，学术界对他刮目相看。在当时，他的导师觉得，只要将已有的成果整理好，他就可以顺利拿到学位了。然而，李开复并不是这么想的。他的心里非常清楚，第一步的成功一定会让他获得更好的机会，因此，他觉得他所得到的80%的识别率虽然已经非常优秀了，但却并不是最佳结果。

因此，李开复没有放松，他反而更加抓紧时间研究了，为了专心研究，他甚至还推迟了论文答辩时间。在当时，他每天的工作时间大约是16个小时。这些努力果然得到了收获，李开复的语音识别系统的识别率从 80% 提高到了 96%。在李开复取得博士学位后，这个系统仍然多年蝉联全美语音识别系统冠军。

试想，假如李开复当时满足于自己获得的那一点成就的话，那么他还能够做出后来的高识别率的系统来吗？

因此，每一位工作者，请不要满足于目前的工作表现，你需要做得更好。只有这样，你才可以成为企业中不可或缺的人物。在工作中，我们一定要有这样的原则，那就是"要做就做得更好，否则就不做"。实际上，这和"能完成 100%，就绝不只做 99%"是一样的道理。

王微微在一家大型的建筑公司做设计师，由于工作性质的缘故，她需要经常跑工厂、工地，同时还需要和不同的老板商量修改工程细节，非常辛苦，然而，她依然在认认真真地去做，没有一点怨言。她给自己立了一条规则——"要做就做好，否则就不做。"

有一回，老板安排她去给客户做一个设计方案，时间只有三天。她接到任务后马上就投入到了工作。三天的时间里，她几乎都是在兴奋的状态下度过的。她没有心思吃饭，整个脑子都想着怎么样才能做好这个方案。她不断去查资料，虚心地向别人请教。三天之后，她的设计方案获得了老板的认可。由于工作的努力，王微微很快就得到了提升，并且她的工资也涨了两倍。

后来，老板告诉她："我知道给你的时间非常紧张，可是我们必须要将它做出来，假如你当时没有做这个工作，我可能就会辞退你。你非常出色，我喜欢你这样的员工。"

每一个老板都希望得到优秀的员工。而一个员工的工作态度恰恰可以体现出这个员工是不是优秀。老板从员工的平时表现能够看出员工的工作态度，看出哪个人是优秀的员工，哪个人值得托以重任。因此，一定不要有"拿多少钱，做多少事"的想法。就拿薪金来说，你做了一千元的事，那么你也只能够拿一千元。这就是为什么老板找不到给你加薪的理由。假如你拿了一千元，做了一万元的事，那么加薪也是自然而然的事情了。

因此，在工作之中，我们都应该拥有一个"要做就做得更好，否则就不去做"的心态，不管对于什么样的工作，都应该尽职尽责。

总而言之，你是如何看待工作的，那么，你也就会获得什么样的待遇。无论什么工作，假如你把它看得非常低贱，你自己就没有工作的激情。如果你把工作都看得非常高尚，那么，你自己也就有了工作的激情；在工作的时候，你就会变得负责任，对工作精益求精。

追求完美，不留遗憾

竭尽全力去工作，这是一个优秀员工应该具有的工作态度。只有这样的员工才可以创造出最大的价值。一个全心全意、追求完美的人，他也会是一个具有敬业精神的人。一个人不管从事什么样的职业，都需要尽职尽责，不管你的工资是高还是低，你都应该具有这样的工作作风。工作做得完美，是需要优秀的员工不断努力创造完成的。高品质的工作质量，需要员工保持高昂的信心，用心去工作，将自己的所有智慧都投入到工作中。

想要追求完美，你需要的不仅仅是才能，还需要一个良好的工作态度，全心全意地投入其中。

拒绝平庸，你可以变得更完美。我们需要从自己做起，从当下做起，努力将自己的工作做好，为了自己的发展和公司的利益而努力工作。

而在这个世界上，那些伟大的人往往都是追求完美的人。

达•芬奇我们都知道，他是文艺复兴时期意大利著名的画家，另外，他还是雕刻家、建筑师、工程师、音乐师、哲学家、科学家。他的绘画风格让世人所膜拜，整整影响了几个世纪，其中最为有名的就是《最后的晚餐》和《蒙娜丽莎》了。

然而，关于达•芬奇的一些故事，很多人并不知道。1519 年，当时达•芬奇在法国生活，他的生命很快就要走到尽头了。看着时间一点点过去，他还有很多理想没有实现，他觉得非常痛苦。他说："我这一生不过是一次酣睡罢了，我一生一事无成！"可见，达•芬奇对自己的要求之高。这和他追求完美的工作态度是分不开的。

追求完美，我们就需要具有敬业精神，我们需要有一种不达目的不罢休的韧劲。认真刻苦、爱岗敬业可以支持我们走到最后。每一个员工都应该拒绝平庸，在工作中拿出自己的魄力来。我们要不断突破传统，去尝试一些新的事物。

生活中无数的成功经验都在告诉我们，在这个世界上没有做不成的事。一个优秀的员工，在工作中不管遇到什么样的困难，他都可以做到最好。因为我们永远都不知道自己有多大的潜力。

有一个非常著名的心理学家詹姆斯，他曾这样说过："与我们现在应有的表现相比，我们只是发挥出了一半的潜能。"确实是这样，我们在工作中尽管很努力了，但鲜有人能说自己发挥出了全部潜力。

因此，假如我们想要在工作中做到完美，就应当发挥出自己所有的潜力。在这之前，我们应当先了解一下什么阻碍了我们潜力的发挥。

现实生活中，能够阻止我们施展才能的因素有三种。

第一，我们根本就没有真正认清自己的能力。在过去，我们都在注意自己的缺点和错处，而工作以后，我们做得好却没有一个人来赞赏，可一出错就会受到指责，这也就是我们为什么总是感觉自己的能力非常有限的原因。

第二，我们很多时候都在高估自己。这不是说我们没有能力，而是说我们对自己的期望太高，因此，我们没有做好非常充分的准备，同时也不能够坚持下来，最后只能惨遭失败。

第三，我们在工作，往往会忽略了自己多方面的才能。其实我们每个人身上都有许多未被发掘出来的能力，只是受制于经验，我们往往会忽略掉自己其实已经拥有的实力。

从潜能上看，我们每个人其实都可以做得更好。而事实上，做得更好也应当是每个人在工作中追求的目标。

"没有最好，只有更好"，只有不断地对自己提出新的要求，不断地往更高的台阶迈进，才能到达理想的巅峰。事实上，事物永远没有"够好"的时候，只有把它做得最好才能真正成功。面对激烈的竞争，我们每个人都应该不断地超越平庸，追求完美。

有这样的一个故事。

很久很久以前，一位有钱人要出门远行，临行前他把仆人们叫到一起并把财产委托他们保管。依据他们每个人的能力，他给了第一个仆人十个金币，第二个仆人五个金币，第三个仆人两个金币。拿到十个金币的仆人把它用于经商并且赚到了十个金币。同样，拿到五个金币的仆人也赚到了五个金币。但是，拿到两个金币的仆人却把它埋在了土里。

过去了很长一段时间，他们的主人回来与他们结算。拿到十个金币的仆人带着另外十个金币来了，主人说："做得好！你是一个对很多事情充满自信的人，我会让你掌管更多的事情。现在就去享受你的奖赏吧！"

同样，拿到五个金币的仆人带着他另外的五个金币来了。主人说："做得好！你是一个对一些事情充满自信的人，我会让你掌管很多事情。现在就去享受你的奖赏吧！"最后，拿着两个金币的仆人来了，他说："主人，我知道你想成为一个强人，收获没有播种的土地，收割没有撒种的土地。但我很害怕，于是把钱埋在了地下。"主人回答道："又懒又无能的人，你既然知道我想收获没有播种的土地，收割没有撒种的土地，那么你就应该把钱存到银行家那里，以便我回来时能拿到我的那份利息，然后再把它给有十个金币的人。我要给那些已经拥有很多的人，使他们变得更富有；而对于那些一无所有的人，甚至他们有的也会被剥夺。"

这个仆人原以为自己会得到主人的赞赏，因为他没丢失主人给的那两个金币。在他看来，虽然没有使金钱增值，但也没丢失，就算是完成主人交代的任务了，然而他的主人却不这么认为。他不想让自己的仆人顺其自然，而是希望他们能主动些，变得更杰出些。

同样地，作为企业里的年轻人，永远都要有精益求精、追求完美的敬业精神，努力把工作做得更好。因为企业就是在不断地追求完美中发展的，自我满足就意味着停滞不前，就意味着被社会的车轮所淘汰。一个员工如果满足于目前的水平，就会故步自封，难以突破自我，慢慢地就会逐渐找不到自己的位置。

只有追求完美，总想着把事情做得更好些，才能不断发展，获得进步和成功。

我们常常听到功亏一篑的事情。比如说，水烧到99度，你想差不多了，不用再烧了，那你永远也得不到开水。这就是说，99%等于0%。作为企业的一名员工，在工作中，应该严格要求自己，能够做到最好，就不能允许自己做到次好，能够完成100%，就不能只完成99%。在《把信送给加西亚》中，罗文就是这样一类人，一种异常优秀的人，他们不仅仅会做别人要他们做的，而且会出人意料地做得非常完美。

不要满足于尚可的工作表现，要做最好的，你才能成为不可或缺的人物。人类永远不能做到完美无缺，但是在我们不断增强自己的力量、不断提升自己的时候，我们对自己要求的标准会越来越高。这是人类精神的永恒本性。

如果你的工作值得你付出代价，你就要激励斗志，永不满足。

不满足的含意是上进心的不满足。这种不满足的心态可以促使你不断地改进和提高自己，从而改善你周围的世界。

全力以赴，做到百分之百

不管是工作还是生活，我们总会遇到许多这样或那样的困难，谁也不能保证自己的人生旅途一直都能一帆风顺。而这些困难和挫折就好比矗立在我们眼前的一座座高大挺拔的山峰，如果我们不愿意激发自己的潜能，全力以赴地去攀越这些"拦路虎"，我们就只能默默地在山脚下哭泣，一边损耗自己宝贵的精力和时间，一边白白赔掉自己的好心情。

曾经在书上看到过这样一个故事。

有一天，猎人带着猎狗去丛林中打猎，不久，猎人就瞄准一只兔子，但可惜的是，在扣动扳机后，子弹只打中了兔子的后腿。

受伤的兔子拼命地往前逃跑，猎狗在后面紧追不舍，可是没一会儿，兔子就不见了，猎狗只好垂头丧气地回到了猎人身边。这一下，猎人真是气不打一处来，他指责猎狗道："你真没用，连一只受伤的兔子都追不到！"猎狗听后很不服气，说："别怪我，我已经尽力了！"

后来，受伤的兔子回到了洞里，跟家人说起了自己"虎口脱险"的惊险一幕，家人听后都感觉不可思议，于是好奇地问道："你后腿负伤，后面又有凶狠的猎狗在追赶，怎么还能逃此一劫呢？"兔子意味深长地说道："它是尽力而为，而我为了活命不得不全力以赴啊！"

　　读完这个故事后，真是不得不为兔子的"全力以赴"拍手称赞。很多人在办事失利后，总能找到一些冠冕堂皇的理由来为自己撇清责任，他们常常带着遗憾的口气对别人或是自己说："请原谅我，我已尽力了。"既然他们所持的想法和故事中的猎狗别无二致，那他们所拥有的结局自然也和猎狗一样，除了失败，还是失败，除了空手而归，还是空手而归。

　　众所周知，对于那些想要或是必须完成任务的人来说，"尽力而为"四个字听起来未免有些懦弱和无能，它就好比预先给自己留下的一条退路，如若达不成理想中的目标，事后自己就可以安安全全轻轻松松地撇开一切责任和烦恼，重新过自个儿的太平生活。这种做法无疑是既可耻又可悲的，它的可耻之处在于以鸵鸟的姿态来面对挫折和困难，它的可悲之处在于没有全力以赴地去对待手头上的任务从而导致失败的结局。

　　人们常说："人定胜天。"可试问，如果一个人每件事并没有做到全力以赴，那他又如何凭借人力战胜自然呢？毕竟天底下没有免费的午餐，这应该是所有人的共识，要知道，我们为一件事付出过多少心血和精力，我们最后得到的回报就有多重和多丰厚，这也就是所谓的"一分耕耘，一分收获"，从来都是白纸黑字，明码标价，童叟无欺。

　　那么，在工作当中全力以赴就意味着我们需要严格要求自己，做任何事情都不能敷衍了事。

　　胡适先生曾经写过一篇著名的《差不多先生传》，文中的主角就是一名做事不认真、敷衍苟且的人。

　　小时候，母亲叫他去买红糖，他买回了白糖，母亲因此责备他，他却摇摇头满不在乎地说："红糖白糖不是差不多吗？"

在学堂的时候，先生问他："直隶省的西边是哪一省？"他说是陕西。先生说："错了。是山西，不是陕西。"他说："陕西同山西，不是差不多吗？"

有一天，他为了一件要紧的事，要搭火车到上海去。他从从容容地走到火车站，迟了两分钟，火车已开走了。他白瞪着眼，望着远远的火车上的煤烟，摇摇头道："只好明天再走了，今天走同明天走，也还差不多。可是火车公司未免太认真了。八点三十分开，同八点三十二分开，不是差不多吗？"他一面说，一面慢慢地走回家，心里总不明白为什么火车不肯等他两分钟。

有一天，他忽然得了急病，赶快叫家人去请东街的汪医生。那家人急急忙忙地跑去，一时寻不着东街的汪大夫，却把西街牛医王大夫请来了。差不多先生病在床上，知道寻错了人；但病急了，身上痛苦，心里焦急，等不得了，心里想道："好在王大夫同汪大夫也差不多，让他试试看罢。"于是这位牛医王大夫走近床前，用医牛的法子给差不多先生治病。不上一点钟，差不多先生就一命呜呼了。差不多先生差不多要死的时候，一口气断断续续地说道："活人同死人也差……差……差不多，……凡事只要……差……差……不多……就……好了，……何……何……必……太……太认真呢？"他说完了这句话，方才绝气了。

"差不多"的毛病一步步累积，到最后，这位差不多先生最后竟然因为自己的"差不多"而送了命，"敷衍"的反作用可想而知。

因此，在工作当中，我们任何人都不能对任何问题掉以轻心，绝不能以"差不多"的心态来对待工作。我们要从细节上要求自己，做好每一个细节的同时，对自己进行严格的要求。具体来说，我们需要做到以下几点。

首先，不轻视任何问题。很多时候，我们就是因为轻视了问题，成为"骄兵"，所以在面对工作时有些掉以轻心，没有全力以赴，导致了问题的出现。

其次，拿出自己最好的状态去工作。在工作当中，状态有可能时好时坏，但是，假如我们想要全力以赴地去工作，那就必须要在状态最好的时候去做事。

最后，为自己制定一个高标准，并严格执行。有的人平时让自己太过放松，没有给自己制定一个严格的标准，所以工作质量偏低，无法达到最佳。因此，假如我们想要完美地做好一件事，那就必须为自己制定一个高的标准，有了标准，我们就有了参照，也就能够更好地做事了。

第六章
敬业需要有超强的执行力

敬业

工作精准到位就是敬业

强大的执行力是具有敬业精神的一个重要组成部分，一个具有敬业精神的员工一定是一个执行力很强的员工。而在企业当中，有执行力的员工也一定能够让自己的发展道路变得更加通畅。而一个没有执行力的人是无法在工作中实现自我突破乃至蜕变的，更别说爱岗敬业了。

美国通用电气公司（GE 公司）看重的是员工落实点子的能力，而不是能想出多少好点子。"你做了多少"是 GE 公司评价员工的核心观念。新员工进入 GE 公司，公司会在员工的入职教育中告诉他们，在 GE 公司的企业文化中，"你做了多少"是最重要的。即使你是哈佛大学的高才生，即使你有最出色的机会，一旦进入 GE 公司，他们只关注你的成绩，只关注你做了多少。

一次，海尔举行全球经理人年会。会上，海尔美国贸易公司总裁迈克说，冷柜在美国的销量非常好，但冷柜比较深，用户拿东西尤其是翻找下面的东西很不方便。他提出，如果能改善一下，上面可以掀盖，下面有抽屉分隔，让用户不必探身取物，那就非常完美了。会议还在进行的时候，设计人员已经通知车间做好准备，下午在回工厂的汽车上，大家拿出了设计方案。

当天，设计和制作人员不眠不休，晚上，第一代样机就出现在迈克的面前。看到改良后的产品时，迈克难以置信，他的一个念头 17 个小时就变成了一个产品，他感慨地说："这是我所见过的最神速的反应。"

第二天，海尔全球经理人年会闭幕晚宴在青岛海尔国际培训中心举行，新的冷柜摆在宴会厅中。当主持人宣布，这就是迈克先生要求的新式冷柜时，全场响起热烈的掌声。如今，这款冷柜已经被美国大零售商西尔斯包销，在美国市场占据了同类产品40%的份额。

现代许多职场人一味地强调忙碌，却忘记了工作成效。做事并不难，人人都在做，天天都在做，重要的是将事做成。做事和做成事是两回事，做事只是基础，而只有将事做成，你的工作才算真正完成了。如果只是敷衍了事，那就等于在浪费时间，做了跟没做一样。这就是很多看起来从早忙到晚的人却忙而无果的重要原因。

做了并不意味着完成了工作，把问题解决好，才称得上是合格地完成了工作。所以，我们要想有好的发展，在工作时就不能将目光只停留在做上，而应该看得更远一些，将着眼点放在做好上。日事日清的员工只有把做好作为执行的关键，才能圆满地完成工作任务。

不可否认，每一位处于公司管理层的老板或者上司都希望令出必行，行之有效，得令的小兵小将们除了又快又好地去执行刚刚接手的工作任务，还有其他更能契合老板当下心意的良方吗？

所谓的"执行力"其实也是一种能力，一些资历深厚的HR在招聘员工的时候总是将执行力看作一个非常重要的衡量指标。在他们看来，身为一名员工，能不能按质按量地完成手头上的工作往往决定着一个人的工作效率。一个拥有高执行力的员工，其工作效率自然优于众人，他所创造的工作业绩同样也出类拔萃，鹤立鸡群。

王明山是一家广告策划公司的老板，公司不大，所以他经常需要兼职面试官的工作。

有一次，一位叫谭天豪的年轻人到公司面试，王明山当时要求他在三天之内撰写出一份5000字的文字稿件，他当时收到考验之后，立马就回去做了精心的准备。王明山原本以为他会在第三天交给他这份稿件，没想到第二天下午，谭天豪就将稿件稳妥地交到了他的手上。

当时王明山心想，谭天豪完成稿件的速度确实还行，但是写出来的东西也未必就是精品。

然而，再次让王明山大感意外的是，谭天豪撰写出来的稿件确实文采飞扬，幽默感十足，应该搜罗了不少的资料，花费了较多的心血。看着他红通通的双眼，王明山顿时觉得这个外表看起来略显青涩的男生，骨子里其实镌刻着果敢和迅速的精神气质。

事实证明，王明山的眼光是正确的，这些年来，谭天豪优秀的工作表现的确让人佩服。他从企划部一个小小的文字编辑做起，不到五年的时间，就到了企划部部长的职位，这在人才济济竞争激烈的公司里并不是一件容易的事儿。

公司其他领导一提到他，也总是赞不绝口。尤其是他超强的执行力，一次又一次地赢得了公司老板的信任和肯定。作为企划部部长，他原本可以不用亲自操刀高层领导的演讲稿，但是他每次还是会主动请缨，最后要么自己独立完成，要么协助属下润色好稿子。直到现在，他经手过的任何文字稿件都没有出过差错，这不得不让人惊叹。

既然有执行力的员工是企业梦寐以求的，那么每一位职场人士就是替领导圆梦的士兵。因此，如何在工作中提升自己的执行力，成为像谭天豪那样具有敬业精神的员工，自然也成了迫在眉睫之事。

具体来说，我们需要在工作中做到以下几点。

首先，我们一定要增强自己的责任意识和进取心，因为它们是做好一切工作的首要前提，缺少它们，我们就只会像个懒鬼一样站在原地不动，最终无所作为。

其次，一定要讲究效率。在工作中要做到只争朝夕，提高自己的工作效率，坚决杜绝办事拖沓的恶习，尽快完成好自己当日的工作。

最后，我们必须脚踏实地，在追求工作速度的同时，保证好工作的质量。因为在公司领导的眼里，一件事情要是没有办成功，我们就算有再多的苦劳最终也是一场徒劳。

总之，我们要是没有执行力，公司高层领导的决策就没有办法转化成具体可观的经济效益，我们也无法成为一名合格的具有敬业精神的好员工，更无法让自己实现从优秀到卓越的蜕变。因此，我们需要从现在开始，锻炼自己的执行力，让自己成为一名拥有超强执行能力的好员工！

现在就干，马上行动

毫无疑问，避免拖延的唯一方法就是不给拖延留下任何生根发芽的机会，简单来说，就是遇到事情立马去做。一旦我们开始付诸行动，那要不了多久，我们就会发现，原来成功就近在眼前。

任何一个老板都不会需要一个只会唯唯诺诺而且拖拖拉拉的平庸员工。一名员工如果只是在口头上服从，行动上却在迟缓，经常推两步才走一步，执行很不得力，就是一种拖延的体现。他们对上司的命令不断地敷衍和应付，甚至可以说是在消极拒绝。他们总是为自己没有完成某些工作寻找五花八门的借口，或者编造各种理由蒙骗公司，替自己辩解，逃避惩罚。

很多人在拖延一件事情时，会习惯性地找一些借口。而这些借口并不是为了说服别人，而往往是为了安慰自己，甚至是欺骗自己。当我们想去拖延或逃避一件事情的时候，总能找出一万个理由，而当让我们去做一件事情的时候，却找不出一个理由来把事情做好。我们总是把事情想得太困难，觉得它太浪费时间，而从来不去考虑，如果自己再努力一下，事情也许会变得简单和容易。

所以，请每个人仔细想一下，自己是不是一个不敢对一件事情做出承诺的人，这种人一般都难以接受别人对自己要做的某件事情或是某项工作规定完成的时间。

秦飞毕业于某重点大学。他找了一份在一家设计公司设计工程图纸的工作。

秦飞做事喜欢拖拖拉拉，但是他自己并没有感觉到拖拉的危害性。就这样，他这个缺点一直没有改变。

有一次，董事长交给秦飞一个任务，让他在两天之内完成一个重要的图纸。本来按照真实的水平，秦飞完全可以在规定时间内完成任务，但是，他又犯起了做事拖延的毛病。

一天半的时间很快就过去了，还剩最后一个下午了，没想到，就在这时，公司突然停电了，秦飞无法进行工作。等规定的时间到了，秦飞最终没能完成任务，给公司造成了巨大损失。

事后，董事长狠狠地批评了秦飞，最后把他开除了。

生活中，我们时常听见有人说："如果我当时那样做，早就发财了！"然而，天下没有卖后悔药的，一个人之所以没有成功，并不是因为当时没有看到商机，而是明明看到了商机，最后却因为自己的拖延和懒惰没有抓住宝贵的机会。这种人不管做什么事，往往都有拖延的毛病，他们整天只知道沉浸在不切实际的幻想中，以为天上能掉馅饼，他们永远都不明白，如果自己不能脚踏实地付诸行动，那么幻想只可能是幻想，并不能给自己带来任何好处。

打个比方，一个人如果仅有一张地图而迟迟不肯动身，那无论这张地图有多么详细，多么精确，它都不可能带着他周游世界。要知道，真正能让我们周游世界的只能是自己的双腿，换句话说，迈开实质性的一步远比详细的计划要来得重要。

我们每个人都要明白，创造财富的永远不是智慧的书籍，而是我们的行动。再宏伟的职业生涯蓝图，也永远不可能自动成为现实，所以，如果我们有了梦想，就要用最积极的行动去实现，只有这样才能使规划、计划、目标具有意义，才能将梦想变成现实。

无论是在工作还是在生活中，不管是大事还是小事，我们都应该立即着手去做，都应该立即行动，绝不能拖延。毕竟那些能够取得成功的人，通常都是能够积极工作的人，这种人能在瞬间果断地战胜惰性，积极主动地面对挑战。

我们都知道，拖延是人的惰性。习惯拖延的人，一旦自己要付出行动，就会为自己找出一些借口来推脱，来安慰自己，来欺骗自己，让自己能够心安理得地享受轻松。而有些人意识到自己的自欺欺人后，很快又陷入了思维的激战，一会儿觉得应该做，一会儿又觉得不应该做，如此一来，被主动和惰性拉来拉去，不知所措，无法定夺，时间和精力就这样浪费掉了。

相信很多人都有过这样的经历。每天当闹钟将我们从甜美的睡梦中惊醒时，我们就在纠结着，今天还有很多事情要做，可是被窝里很温暖，于是我们一边不断地对自己说，该起床了，一边又不断地给自己寻找借口，再睡一会儿吧。于是，在忐忑不安之中，又躺了五分钟，甚至十分钟……毫无疑问，当拖延养成习惯后，我们就很难再摆脱它了，然后，它就会日复一日地浪费我们的时间和精力，消磨我们的意志，从而使我们对自己产生怀疑，失去信心，并最终因为优柔寡断葬送自己美好的未来。

其实，很多人有所不知的是，一个人做事之所以会拖延，不仅仅是因为懒，有时候也是因为考虑过多、犹豫不决。当然，做事情谨慎一点是好事，但是也不能过于谨慎，因为过于谨慎就是优柔寡断。要知道，有些事情是没必要谨慎的，比如早上起床，这样的事是没必要过多考虑的。如果前一天已经计划好了要做什么事情，那就应该毫不犹豫地起床。

总之，我们要做一件事的时候，就应立即动手，不给自己留多余的思考时间，从而避免自己产生拖延。毕竟，对付惰性最好的办法就是从源头上杜绝惰性的出现。具体做法就是，当头脑中冒出各种顾虑和疑问时，我们就要意识到这是惰性在蠢蠢欲动了，这时，我们要做的就是将其扼杀在摇篮里，坚定不移地继续自己的工作。

其实，工作就好像是在打一场球赛，我们的对手就是时间。所以，面对关键性的比赛，我们不能有一刻的犹豫不决，否则我们就会被时间淘汰出局。而只要我们不犹豫，不拖延，立即行动起来，那我们最后就还有很大的获胜可能。

要知道，一个人对生命最不负责的一句话就是："留到明天再做吧。""明日复明日，明日何其多，我生待明日，万事成蹉跎。""明天"永远都不会来，因为来的时候已经是"今天"。由此可见，只有今天才是我们生命唯一可以把握的一天；只有今天才是我们生命中最重要的一天；只有今天才是我们可以用来超越对手、超越自己的一天。希望永远都在今天，希望就在现在。处理工作的时候，我们不要把希望寄托在明天，不要拖延，立即行动！只有行动才会让我们的梦想变成现实，只有行动才会让我们坐上成功的宝座。

对一个勤奋的艺术家来说，当他产生了新的灵感时，他就会立即把它记下来——即使是在深夜，他也会这样做。因为只有这样，他才不会让任何一个灵感溜掉。其实，对待工作，我们也要像艺术家对待灵感一样，不管何时何地，都不能放任自己的拖延和懒惰，一定要立即行动起来。

　　遇到问题并不可怕，可怕的是我们在面对问题时选择拖延和懒惰。

　　所以，无论我们现在做什么样的工作，都应该立即行动，要知道，滴水也能穿石，一个小小的行动，往往会带来意想不到的结果。

　　在这个世界上，到处都有只说不做的人，他们对于未来只是在想，只是在拖延，从来没有采取过任何有效的行动。譬如在我们的工作中，有些人每到月末或者周末，甚至一年的末尾，都会去制订很多美好的计划，但第二天却没有开始行动。就这样，等到了下一个周末、月末和年末的时候，这些人都一事无成，究其原因，就是因为他们没有采取行动。

　　众所周知，再小的一件事也是需要我们付诸行动才能完成的，尤其在工作中，一分耕耘，才有一分收获。如果我们想要有所成就，迈向成功，就必须从现在起，拒绝拖延，立即开始行动！

变"要我做"为"我要做"

在职场中，面对同一份工作，有的人工作起来得心应手，诸事顺利；有的人却不尽如人意，怨声载道。请问，大家做的事明明都差不多，为什么最后会出现这两种完全相反的结果呢？

原因就在于前者总是能自觉承担责任，自动自发地去执行任务；而后者就好似"算盘珠子"，拨一下动一下，不拨他就不动，这种人做事向来懒于思考，疲于行动，眼里根本就没有活儿，就算上级给他们安排了工作任务，他们也会随随便便应付了事。可以说，被动消极是贴在他们身上的最恰当的标签。

当然，我们必须要搞清楚，主动执行并非是一句简单的口号或是一个简单的动作，而是要充分发挥自己的主观能动性，在接受工作任务后，尽一切努力，想尽一切办法，把工作做到最好。

董明珠——珠海格力电器有限公司副董事长兼总裁，中国空调界一个举足轻重、掷地有声的名字。很多人都好奇她为何会如此成功，也许我们可以从她一件小小的事件——"主动讨债"中找到答案。

初到格力电器时，董明珠只是一名最底层的销售人员，她被派到安徽芜湖做市场营销工作。当时，她的前任留下了一个烂摊子：有一批货给了一家经销商，但经销商很长时间都不肯付货款，几十万元的货款一直收不回来。

其实，公司并没有把收款的任务交给董明珠，所以按理说，她完全可以对此撒手不管，一门心思把自己的业务开拓好就可以了。

可董明珠却不那么认为，她心想："既然我是公司的一分子，那别人欠公司的钱，我就有责任把这笔钱收回来。"

就这样，她跟那家不讲信誉的经销商软磨硬泡，经过几个月的努力，虽然没要到货款，但总算把货要回来了。

让董明珠没想到的是，这次"多管闲事"的讨债行为，刚好让公司见识了她的工作能力。很快，她就从基层员工中脱颖而出，坐上销售经理的位置。在后来的工作中，董明珠继续展示着她对责任的自觉担当以及对工作的超强执行力，这一切将她推上总裁的宝座。

可以看到，董明珠的成功并非偶然，她对责任的自觉承担以及她对工作的主动执行，才是她最终获得成功的根本原因。著名成功学家拿破仑·希尔曾经说过："主动执行是一种极为难得的美德，它能驱使一个人在没被吩咐应该去做什么事之前，就能主动地去做应该做的事。"

众所周知，执行是实现目标的关键，任何好的计划都需要员工高效地执行来完成，能否完美执行是考验一个员工能否成为优秀员工的条件。而员工自身执行力的高低，也直接决定了他们的职场前途。

纵观现代职场，那些发展最快、成就最高的员工，往往都是将责任承担得最彻底、将执行做得最出色的人。因此，我们要想在事业上有所成就，就必须培养自己积极、主动、负责的工作精神，自觉地从被动执行走向主动执行，唯有如此，我们才能获得宝贵的机会，实现自己的人生价值。

　　杨军在一家商店工作，一直以来，他都认为自己是一个非常优秀的员工，因为他每天都会完成自己应该做的工作——记录顾客的购物款。于是，自信满满的他向经理提出了升职的要求，没想到经理竟拒绝了他，理由是他做得还不够好。

　　杨军感到非常生气，但又无可奈何。有一天，他像往常一样，做完了工作后，和同事站在一边闲聊。正在这时，经理走了过来，他环顾了一下周围，随即示意杨军跟着他。杨军心里很纳闷，他不知道经理是什么意思。就在杨军满头雾水之际，经理一句话也没有说，开始动手整理那些顾客预订的商品，然后走到食品区忙着清理柜台。

　　经理用自己的行动告诉杨军一个道理：如果你想获得加薪和升迁的机会，那你就得自觉承担更多的责任，并积极主动地执行。当你养成这种自动自发工作的习惯后，你就可以用行动证明自己是一个勇于承担责任、值得信赖的人。

　　总之，岗位责任如果不落在执行上，那它就会变成一纸空文，没有任何的意义。一个出色的员工，应该是一个自觉承担岗位责任、积极主动去做事的人。

行动的速度决定成就的大小

工作是人生的一部分，只要你立即着手积极行动，一件一件地完成眼前的任务，你就有可能比其他人更快地接近目标，攀上人生的顶峰。

在职场上，主动工作是一种特别的行动气质，也就是自己知道做有价值的事，避免被琐事干扰，不用别人催促，这对自己和工作都是一种负责的主动态度。心动不如行动，行动要靠主动。我们要想在工作上取得成就，就得主动工作，用行动收获一切。

其实，我们只要行动起来，威力同样会变得巨大无比，许多令人难以想象的障碍，也会被我们轻松突破，当然前提是行动起来。

亚历山大大帝在进军亚细亚之前，决定破解一个著名的预言。这个预言说的是，谁能够将朱庇特神庙的一串复杂的绳结打开，谁就能够成为亚细亚的帝王。

在亚历山大大帝破解这个预言之前，这个绳结已经难倒了许多国家的智者和国王。由于这个绳结的神秘性，导致了一个可怕的恶性循环，打不开绳结，会严重影响军队的士气，军队没有了士气，失败也将成为必然的事实。

亚历山大大帝在仔细观察了这个结后，发现确实找不到任何绳头。

这时，他脑中灵光一闪："为什么不用自己的行动，来打开这个绳结呢？"亚历山大大帝想到这里，毫不犹豫地拔出剑，对着绳结一挥，就把绳结一劈两半，于是，这个保留了百年的难题就这样轻易地解决了。

亚历山大大帝勇于行动，一心奔赴目标，不墨守成规，显示了非常的智慧和勇气，注定能成就伟业。立刻行动是实现目标的最重要的条件。但还有一种情况，当你无法确定自己目标的时候，也应该立刻行动，而不是坐在书桌前冥思苦想。

"没有机会，我怎么行动？"这句话几乎成为失败者最常用的托词，有志气的人是不会这样怨天尤人的。他们在做事前会密切观察留意机会，在工作过程中则尽可能利用一切可以利用的时机，他们不等待机会，他们会创造机会。

事实上，我们经常看到，无论是在职业的选择中，还是在工作和劳动中，很多成功的机会往往青睐于那些身处逆境的人，他们没有良好的条件，没有捷径可走，也不乞求外在机会的垂青，所以，他们的付出最实在，他们所得到的机遇也就最多。我们在职业选择过程中，必须充分认识到这一点，自觉而顽强地为自己创造机会。

在困难面前主动一些，你的行动会助你收获一切。不管前进的路上有多少坎坷，你除了认真思考外，还要立即行动起来。没有条件，要创造条件；没有时间，要挤出时间。总之，你一旦行动起来，就有成功的可能。

立即行动起来，会让你在行动中不断修正自己的计划，你并没有改变自己原来的目标，只是选择了另一条道路而已，目的地没有变。对工作的态度，也是如此，不要犹豫和等待，要立即行动。没有任何困难会因为你回避而自动消失，没有任何烦恼会因为你不去想而烟消云散。你没有别的选择，只能去面对，只能去迎接任何挑战。记住，世界是属于那些善于思考，也善于行动的人的。

在工作中，只有当你率先行动、真诚地为企业提供真正有用的服务时，成功才会伴随而来。而每一个老板也都在寻找能够在工作中率先行动的人，并以他们的表现来给予他们相应的回报。所以，好员工都明白一个道理：与其被动地服从，不如率先行动。

失败者和成功者的差别不在别处，就在于"心动"与"行动"。

你是否有"心动"的想法，你是否将"心动"的想法付诸行动了，这是你梦想能否成真、事业能否成功的最重要的因素。

在工作中率先行动，就是听到了想到了，马上就能做到。具有了这种行动力，你就会抢占成功的先机。有句话叫"心想事成"，这句话本身没有错，但是很多人只是把想法搁置在空想的世界中，而不落实到具体的行动中，因此常常是竹篮子打水一场空。当然，也有一些人是想得多干得少，这种人比那些纯粹的"心理专家"要强一些，但通常他们也很难取得成功。

行动是一个敢于改变自我、拯救自我的标志，是一个人能力有多大的证明。在工作中行动起来，不但会让你为企业创造丰厚的业绩，还会让你在出色的工作中成就自己的事业。

敢于梦想，勇于梦想，这个世界永远属于追梦的人。"心动"的想法更需要用行动来实现，而行动也是要靠"心动"的想法、策略指引。

只有把这两者完美结合，我们才能抢占成功的先机。

平时要养成良好的习惯，从小事开始，有行动，才会有收获。想要到达最高处，必须从最低处开始，想要实现目标，必须从行动开始。

有许多刚刚步入职场的年轻人，自以为学识渊博，做了一点点工作就以为索取是首要的，对自己的薪酬也越来越不满足。然而，随着时间的流逝，他们越想得到的却越是得不到，于是拖延工作、抱怨老板。

汤姆刚从学校毕业，踌躇满志地进入一家公司工作，却发现公司里有那么多的局限性，而老板分配给他的工作又是一些比较简单的办公室日常事务性工作。一向高傲的他看到这一切，深感失望。

他开始到处发泄自己的不满，但并没有人理睬他。他只好埋头干活，虽然心里仍然存有不情愿的感觉，但不再像刚开始的时候那样浮躁了，而是努力地去做自己手头上的事情。每做好一件，他都会得到老板的肯定，他的"虚荣心"也就被满足一次，靠着这种卑微的"虚荣心满足"，日子就这样一天天过去了。

有一天，他认识了一位白发苍苍的老人，开始他并没有注意到这位老人，只是后来由于工作的原因，与那位老人打了几次交道。听人介绍说，这位老人就是赫赫有名的卡普尔先生，是公司总裁的父亲。他竟然是那么普通，那么不起眼，每天与大家一样上下班，风雨无阻，汤姆觉得不可思议。一次偶然的机会，老人对他说了这样一句话："把手头上的事情做好，始终如一，你就会得到你所想要的东西。"他记住了老人的教诲，即刻开始认真地做任何一件事情，无论自己分内的事情还是其他的工作，都尽心尽力地做好，而且在做了以后，自己的心态也就平静了许多。一年之后，汤姆升任了部门经理。

可见，无论手头上的事是多么不起眼，多么烦琐，只要你认认真真地去做，行动就有收获，而且你还要凭着不懈的努力，坚持到底，就一定能逐渐靠近你的目标。

曾经有一个精明的老板想招聘一名员工，他对应征的三十多人说："这里有一个标记，那儿有一个球，要用球击中这个标记，你们一个人有七次机会，谁击中目标的次数多，就录用谁。"结果，所有人都没能打中目标。这个老板说："明天再来吧，看看你们是否能做得更好。"

第二天，只来了一个小伙子，他说自己已经准备好测试了。结果，那天他每次都击中了标记。"你怎么做到的呢？"老板惊讶地问道。

这个小伙子回答说："哦，我非常想得到这个工作来帮助我的妈妈，所以，昨天晚上我在棚屋里练习了一整夜。"不用说，他得到了这份工作，因为他不仅具备了工作所需的基本素质，而且表现出了自己的优秀品质。

在职场中奋斗的人都会明白，千里之行始于足下，都知道坚持不懈、永恒进取的魅力，可是真正能做到并落实到行动上的人却很少。

有目标，才有行动；有行动，目标才能实现；坚持住，才有成功。没有失败，只有放弃，有行动就不会失败。

你完全可以做得更好

人都有惰性。如果你现在在一个平庸的职位上可以得到不错的待遇，并因此缺乏向更高职位努力的动力，那非常遗憾，因为你的进取心开始被消磨了。其实，你有能力做得更好。

如果你认为自己做得挺好，可以站稳脚跟了，别人也这么告诉你，那你应该听听这番话：其实你的薪水不算多，你要是不想争取更多，恐怕就连这点薪水也不能保住。现在的社会就像逆水行舟一样，不进则退，不做得更好，就会变得更差，甚至有的时候慢进也是退，你已经做得比较好了但是还会被淘汰。你知道有多少人在盯着你吗？那些能够做得更好的人，正等着把你挤下去呢。只有更好没有最好，你要想生存就得拼着命把工作做到自己的极致。

一天，一位管理专家为一群商学院学生讲课。他现场做了演示，给学生们留下了一生难以磨灭的深刻印象。

管理专家说："我们来做个小测验。"他拿出一个一加仑的广口瓶放在他面前的桌上。随后，他取出一堆拳头大小的石块，仔细地将石块一块块放进玻璃瓶里。直到石块高出瓶口，再也放不下了，他问道："瓶子满了吗？"所有学生应道："满了。"管理专家反问："真的？"

他伸手从桌下拿出一桶砾石，倒了一些进去，并敲击玻璃瓶壁使砾石填满下面石块的间隙。"现在瓶子满了吗？"他第二次问。但这一次学生有些明白了，"可能还没有"，一位学生应道。"很好！"专家说。

他伸手从桌下拿出一桶沙子，开始慢慢倒进玻璃瓶。沙子填满了石块和砾石的所有间隙。他又一次问学生："瓶子满了吗？""没满！"学生们大声说。他再一次说："很好！"

然后，他拿过一壶水倒进玻璃瓶，直到水面与瓶口持平。接下来专家发问："你们明白了什么道理？"同学们纷纷发言，最后，他笑着说道："你们的看法也是对的，但我认为这个演示说明的意思是，哪怕你做得再好，但只要你继续努力的话，你完全可以做得更好！"

作为一个职员，如果你想迅速获得提升，就找一些同事们啃不动的工作，去努力完成它。做好了，你就会脱颖而出。如果一个人做起事来总是精益求精，总是让别人惊喜，上司自然会注意到他，必要时自然会把他提拔到重要的位置。没有一个雇主不喜欢有上进心的下属，他们也在随时观察员工们的表现，你必须把经验、学识、智慧和创造力发挥得淋漓尽致，争取达到惊人的效果，为自己的发展创造条件，所以你没有理由不做得更好。

曹景行是著名媒体人，历任《亚洲周刊》副总编辑、《明报》主笔、亚洲联合卫视总编辑。1998年加入凤凰卫视，其开创的《时事开讲》栏目，获《中国电视节目榜》"最佳新闻类节目"。激烈的媒介竞争使曹景行有"资料饥渴症"，每天的看报量要达20份左右，国内国外的报纸都有。每天"狂吃"的不但有报纸，还有新来的杂志，而且还边看边听电视。还要上网，去捕捉最新动态和突发事件。经常要立即选题、改题和定题，往往是边看边想。常常是为了 20 分钟的节目，他背后要花七八个小时的努力去准备。

曹景行最怕的是休假和出差。一到出差，就看不到港台报纸，信息量受到限制，等回去工作时心里就没底。为了保证新闻思维的连续性，就要立即补看落下的报刊资料。曹景行虽然已经是业界公认的大师级人物，但他深知传媒领域快鱼吃慢鱼的道理，所以 70 岁了仍然孜孜不倦地工作着，就为了把工作做得更好。

著名女歌唱家玛丽布兰有一个绝招，她能够从低音 D 连升三个八度唱到高音 D，这样的高难度技巧令人大为折服。一天，一位评论家忍不住请教了她成功的秘诀，玛丽布兰说："嗯，那可是我费了很大的力气才做到的。开始我为了练这个音花了很长的时间，那个时候，不论我在做什么，穿衣也好，梳头也好，我都在试图发这个音。最后，就在我穿鞋的时候，我终于找到了这种感觉。"没有这种为了艺术事业而追求极致的精神，玛丽布兰就绝不可能达到如此的巅峰状态。

刚有点儿小小成绩就浅尝辄止、安于现状、不思进取的人不会做出什么大成就。一个有崇高目标、期望成就大业的人，总是在不停地超越自我，拓宽思路，扩充知识，敞开生活之门，希望比周围的人走得更远。他有足够坚强的意志，激励自己做出更大的努力、争取最好的结果。

向困难挑战，敬业让你更勇敢

工作中，很多人都会遇到困难，人们面对困难时的态度也不尽相同。有的人敢于直面困难，有的人在面对困难时却是畏首畏尾。其实，当你把困难当成是成功对你的历练时，你将如凤凰涅槃，成为在困难面前无往不胜的勇将。而当你把困难看成是上天给的不幸、摧残时，它就是吓退你的障碍，等待你的将是危机重重，难以闯过的关卡。

而一名具有敬业精神的员工一定是一位能够直面困难，并向困难发起挑战的人。

事实上，工作当中存在困难是在所难免的，因此，我们需要在困境中努力磨砺自己，在反思中强大自己，在黑暗中看到阳光的自己。没有人能随随便便成功，在人生的道路上遭遇困难，在职场遭遇不幸，那是成功对你的磨炼。是勇敢应对，努力走出困境，还是意志消沉，左顾右盼不敢面对？你的选择将决定你今后人生的样子。

依靠智慧在困境的磨砺中自我反思，是对自己内心最真挚的回应，你能从困境的锻炼中成长起来。敢于接受心灵的回应，你就敢于面对，无论前方等待你的是什么，无论向前走的后果怎么样，你都会勇往直前，从困境中站立起来。作为企业的员工，假如我们有这种坚持不懈的精神，有这种不顾一切的魄力，那么就没有什么能阻挡我们突围困境了。

　　有一个小伙子，在幼年时，他有一个理想，盼望自己长大后可以成为一名优秀的赛车手。他曾开过卡车，培养出了很好的驾驶技术。

　　后来，他选择到一家农场里做司机。在工作之余，他参加一支业余赛车队的技能培训。只要遇到比赛，他都会竭尽全力参加。由于得不到好的名次，所以他在赛车上的收入几乎没有，而且还使得他欠下一笔数目巨大的外债。但是，他一点也不想放弃。

　　有一次，他参加了州里举办的赛车大赛。当赛程进行到多半程的时候，他位列第三，他有很大的希望在这次比赛中获得好的名次。可是很不幸，他前面那两辆赛车发生了相撞事故，他迅速地转动方向盘，试图躲避它们。然而由于车速太快而未能幸免。结果，他撞到车道旁的墙壁上，赛车在燃烧中停了下来。当他被救出来时，手已经被烧伤。医生给他做了几个小时的手术之后，才把他从死神的手里夺过来。

　　虽然性命是保住了，但是他的手却伤得很严重。医生告诉他："从今以后，你再也不能开车了。"

　　他没有因为医生的话而退缩。为了圆心中那个美好的梦想，他决定再试一次。他接受了一系列烧伤修复手术，为了恢复手指功能，他每天不停地练习，用其他手指去抓木棍，有时疼得浑身难以忍受，也依旧不放弃。

　　在做完最后一次手术之后，他回到了原来的农场，用开推土机的办法使自己的手掌重新磨出茧子，并不断练习赛车。

　　时间过去了十个月，他又一次回到了赛场！他先参加了一场非营利性的比赛，可是，他的车在中途却毫无征兆地熄了火。没想到，在接下来的一次全程300英里的汽车对抗赛中，他取得了亚军的好成绩。

　　又过了三个月，依旧是在这个赛场上，他满怀信心地驾车驶入赛场。

经过多次激烈的争夺，他终于赢得了 300 英里比赛的第一名。

当他第一次以第一名的成绩面对呐喊的观众时，他流下了幸福的泪水。

很多粉丝纷纷上前将他围住，向他提出一个同样的问题："你在遭受那次沉重的打击之后，是什么力量使你重新振作起来的呢？"他只是微笑着用黑色的水笔在图片的背后写了一句话：把失败写在背面，我相信自己一定可以做到最好！

事实上，成功不是看得见摸得着的东西，它就像黑夜中那颗灿烂的星星，不是你想让它出现时，它就听从你的命令可以出现。当你一次次地战胜了挫折后，你就会明白，原来困难并不可怕，可怕的是我们没有面对困难、战胜困难的勇气。在工作中，正是身陷困境才让你不断得到磨炼，常常主动思考，时时反省自己，从而让自己在困境中得到磨炼，在反省中不断提升能力，一步步走向通往成功的道路。

成功很多时候是虚无缥缈的。在困难面前不屈不挠，不断克服工作中的一个个困难，聚精会神地工作，心无旁骛，以职业为重，勇于尝试，终有一日会取得成功。你会发现成功原来如庭院里枝叶茂盛、茁壮成长的柳树，正亲切地向你招手。

在工作中，我们会遇到很多危机和困难。面对这些不幸，我们需要的是不屈不挠的精神。只有经得起磨砺，把困难和不幸当成一种鼓励，不断找到解决困难的思路，在困境中强大，在苦难中成熟，让自己所做的工作见到成效，才能担当起更多责任，将自己磨炼成企业不可缺少的一面旗帜。

困难具有鼓舞人心的特点，当巨大的压力、不幸的变故等向一个人袭来时，隐藏在其体内的能量，才会突然喷涌而出。同样，工作中的困难会激发一个人的意志力,使其产生不屈不挠的动力,让人积极主动地去工作。我们应该想方设法解决困难,在战胜困难的过程中享受收获的幸福。

一位成功的企业家对向他请教的人坦言道,他在自己的事业上取得的每一个成功,都是与艰苦奋斗分不开的,那些不费力而得来的成功,让他感觉不安。他认为,克服障碍以及种种不足,从奋斗中获取成功,才可以给人以快乐的感觉。这位企业家很爱做艰难的事情。艰难的事情可以验证他的能力,考验他的智慧。他反而不喜欢容易的事情,原因是不费力的事情不能让他精神抖擞,不能充分展示他的才华。

要勇于和困难对抗到底,勇于在困难面前不后退、不胆怯。成功和失败、挫折与顺境,只是字义上不同,而在现实生活中,是紧密相连的整体。在人生的奋斗过程中,失败是成功的基础,困难是打开阳光大道的金钥匙。

张明轩是车间的一名基础操作员。他认为有些操作模式可以转变一下,以提高生产和工作效率。可是车间主任并不认可他这样做,而且还批评他做事不牢靠,太离谱。可是他没有放弃,没事就开始研究机械原理,从一些简单好下手的地方改进自己的操作方法。果不其然,他的工作效率是别人的好几倍,而且质量还得到大大的提升。于是,车间主任把他调到了机修车间成了一名机修工。

刚到机修车间,那些老员工对他的成就都不放在心上,还打击他、排挤他。有几次还故意把一些技术的难题让他来做,结果他没有处理好。操作工们向领导投诉他,说他技术不行。那段时间,张明轩受到了前所未有的冷遇,他甚至后悔当初自己不该太自不量力。他一下子瘦了下来,每天走进机修车间,就好比走进了牢笼,苦恼、厌烦、不安。

车间主任看到他的样子吓了一跳，还以为他生病了呢。有一次，下班后，车间主任买了些水果到张明轩的住处看望他。张明轩再也忍不住，哭着向车间主任讲明了原委，最后，他还自责地说："主任，我是不是错了？我是不是真的太不靠谱了、太自不量力了？我是不是注定了只能做一个操作工人？"

主任拍着他的肩膀微笑着说："不是，虽然那次对操作方法的改进，你是有些自作主张，但是你做得很好。你看厂里的工作效率和产品合格率都得到了很大的提升，我做了十几年的车间主任了，都没有发现这个问题。长江后浪推前浪，后生可畏啊，你不应该被目前的挫折所动摇啊！"

"但是，但是……"

"没有那么多但是，我早就看到了，你这家伙是个人才，虽然书读得不多，但是爱动脑子，爱学习，将来的成就肯定在我之上。你现在需要的是面对困难的信心，而不是在困难面前唉声叹气，甚至感到难受。明轩啊，鼓起勇气来吧，看看自己的问题出在哪里，就从哪里做起，从哪里纠正。"

"……"

"好孩子，他们不是打击你，嫉妒你吗？你要放下架子和面子，先与那些老工人打成一片，得到他们的尊重和支持，问题不就解决了吗？"

张明轩这才猛然醒悟过来。于是，他马上打起精神，开始想法子与老工人联络感情，把自己当成他们的小辈，任由他们安排。慢慢地，他与这些人打成了一片，他认真学习每一个工人的技术，奋力克服工作中的一个个困难，终于成了机修车间名副其实的修理师傅。

后来，张明轩依靠在困难面前不屈不挠的恒心，战胜了很多困难，攻破了一个个技术上的难题。经过几年奋斗，他自己开了一家机械维修、改装公司，在他的努力下公司正在蓬勃发展。

　　一个具有敬业精神的员工不惧怕任何困难，也正因为如此，他们在工作中才能够解决一个又一个难题。如果一个人在遭遇一点困难之后就打算退缩，那么他就会永远被困在困难当中。爱岗敬业是一种对自我的高要求，也正因为如此，我们在培养自己爱岗敬业的习惯时一定会遭遇困难。从现在开始，我们应当让自己练就一副不惧困难的"身板"，并学会在困难中磨砺自己，为敬业打下基础。

第七章
用心工作，让敬业带来事业

敬业

敬业需要用心工作

要想点燃心中对工作的激情，就要锻炼自己良好的心理素质，勉励自己把全部热情投入到工作之中。这样工作起来才会顺风顺水，充满激情。

在工作中，爱岗敬业一词是优秀员工的共同特点。一个具有敬业精神的职员，一定是一个用心工作的人。而敷衍了事，三心二意的人绝不可能成为一名优秀的员工。因此，我们需要尊重自己的职业，用心对待自己的工作，在工作中保持进取心，让自己从优秀走向卓越。

第37届香港电影金像奖，破天荒地将"专业精神奖"颁给了一个极其平凡的茶水工作人员 Pauline 姐——杨容莲，这在历史上尚属首次。当宣布她获奖的那一刻，包括刘德华、古天乐在内的众多前辈、大腕，全场起立，掌声经久不绝。为了给她颁奖成龙义不容辞连夜坐飞机赶回，还亲自为其调整话筒。

茶水工就是平日里在片场间歇，负责端茶送水的小人物。这份工作看似简单，却一点也不好做，一个剧组浩浩荡荡近百人，不仅要记清每个人喜欢吃什么，还要适时递过饮品、毛巾或盒饭。

Pauline 姐从业30年，将这份"简单"的工作做到了极致。几百个明星，她清楚地记得每一个人的口味。饭菜做得好，还能以包容的心，将片场所有人照顾得很好。她说："我的职位是茶水，我不识字，但领这份薪水，当然要尊重这份工作。你专注工作，别人才会专注你。"

用心、专注、敬业，正是这些再简单不过的品质，让 Pauline 姐获得这个当之无愧的奖项。

用心工作是我们让自己创造更多佳绩的必备条件。这是一种敬业的行为，也是我们每个人都应当学习的行为。

当我们突然将"用心工作"提出来时，可能很多人都会觉得这是陈词滥调。那么，我们不妨换一个角度来说吧！我们可以从这个角度直接找到"让自己用心工作"的秘诀。这个秘诀也很简单，那就是"树立主人翁意识"。

有很多人总觉得企业是老板的，跟我没关系，我只是拿那么点薪水罢了。实际上，正是这种想法导致了很多人在工作上丝毫都不用心。因此，要做到用心工作，就必须先树立起一个前提，那就是树立自己的主人翁意识。

树立起主人翁的意识，我们才能理解自己和企业的关系。对企业员工来讲，只有企业强大了，你才能跟着受益；只有公司效益好了，你的薪水才能跟着上涨，你个人的才华才有更大的平台施展。一个人的能力只有融入公司与企业的时候才能够加倍地释放出无限的能量。假如没有公司的高速发展和销售额的增加，又哪里有你的薪水呢？

所以，公司的发展不仅表示着老总的成功，更显示着每个职员的成功。每个员工都应该明白这个道理：只有公司发展了，你才能够不断进步。公司和你的关系就是："息息相关，谁也离不开谁。"只有明白了这一点，你才能在工作中尽心尽力，做出成绩，从而赢得上司的提拔。

树立起主人翁意识，我们才能理解自己和责任的关系。责任有大有小，小的不放在心上，时间长了，就算是一个富翁最后也可能会一无所有。没有主人翁意识的人，他的责任意识也就不强，而一个缺乏责任意识的人就等于是放弃了自己的工作立场。因此，我们要保持一种责任感，随时警示自己，责任不是单位赋予我们的任务，而是我们自己赋予自己的责任。一个缺少责任感的人，失去了社会对自己的认同，失去了周围的人对自己的理解和支持，也就不会成为一名用心工作的职员，更不可能取得成功。

员工之所以要将单位的利益放在第一位，是因为只有单位发展了，员工才有发展。同样是一个人，在一个有几个人的公司工作一段时间后出去再找工作，可以拿多少薪水？在一家著名的大企业工作后再找工作，又可以拿多少薪水？值钱的不是职员本身，而是背后的公司，所以当公司利益与个人利益发生冲突的时候，要树立起主人翁意识，把自己当成企业的一分子，以公司的利益为重！

从另一个角度来说，只有树立了主人翁意识和正确的职业理念，清楚了为公司工作更是为自己工作的道理，才能激发出尽心尽力的工作激情，才能心怀虔诚地对待工作，才能够站在公司的立场，每时每刻为公司考虑，并充分挖掘潜能和发挥工作的主观能动性，尽心尽力、不顾一切地为公司发展做出贡献和应有的努力，从而体现自身价值、实现梦想。

当我们树立起主人翁的意识之后，便能够对工作十分投入，并为之奋斗。而这种奋斗是我们实现成功的重要条件。

假如一个人对自己所从事的工作充满热情，那么他就会把自己的全部斗志都投入到工作中去，从而实现自己的梦想。

工作需要用心奋斗，甚至是钻牛角尖的精神。用心工作的员工对工作中的每一个小问题都要用心把握。一个人想要顺风顺水地进步，就看他能不能用心地对待工作。公司给你提供工作，事实上是给了一个发展的平台，你应该好好珍惜利用这个平台，用心地对待工作。用心工作是职业道德的基本体现，同时也是一个人品格的体现。

李晓宇应聘到一家塑胶公司上班，试用期为三个月。从大学校园突然到专业的实验室工作，李晓宇着实有些紧张。缺乏实践技巧，李晓宇就用心地向同事请教，可是每一次都受到他们的嘲笑。两个月后公司改革，实验室要辞退一些人，由于业绩不好，李晓宇没有办法转正。在剩下几天的时间，李晓宇决定把手头的工作用心完成。直到最后一天的中午，她依然认认真真，跟第一天上岗时一样，把工作台洗擦得干干净净，把自己曾经用过的烧杯和试管摆放得整整齐齐。董事长把这一切都看在眼里，最后破例留下了她。

从这个故事中我们可以看出，树立主人翁意识的重要性。因为有了主人翁意识，我们才能够用心去工作。其实，工作是不分高低贵贱的，然而工作的态度却有好坏的本质区别。用心工作的员工都明白，只有用心工作才可以补充自己能力的缺陷，而且这是提高自己的最好途径。用心工作的员工不会为自己的前途担忧，原因是他们已经养成了一个用心工作的良好习惯，因此不管到哪个公司，都会受到赏识。与此相反，在工作中投机倒把或许能让你获得一时的顺利，但却在以后的工作中埋下了苦难。从长远来说，不但没有任何好处，而且对你的发展也是非常有害的。

不管从事什么职业，不管你的单位是好是坏，你都应该用心工作。不要老板一不在就拖拖拉拉，没有纪律的约束就不工作。在工作中，你只有历练自己的能力，不断地提高自己，才能够让自己在工作中实现突破。与之相反的是，假如你做任何事情都拖拖拉拉，从不用心工作，那么等待你的将是失败的人生。

敬业让你工作起来更有热情

很多人都在问，工作为何让我如此疲惫？我的工作激情哪里去了？的确，不知从何时起，刚毕业那会儿的浑身活力、满腔斗志都已经踪迹全无，人也被忙碌得没有空隙的工作重压打磨得全无棱角，日复一日，年复一年，像个疲惫却又不得不继续旋转的陀螺。

有的人在进入职场一段时间之后心理甚至产生了一些畸形的想法：早上醒来的第一个念头便是，宁愿生一场大病也不愿意去上班；在电脑前呆坐了很久，却迟迟进入不了状态，不得不把工作拖到最后一秒才完成；对什么都没有兴趣，甚至懒得哭，懒得笑，颜面枯槁，形容憔悴；甚至越来越不清楚自己在做什么和将要做什么，这就是日益普遍的职场倦怠。

专家们指出，工作倦怠、缺乏激情虽然不是病，但是对人仍然是有很大负面作用的。轻一点的会让人对工作失去兴趣，产生很强的疲劳感；严重的会让人出现嗜睡或者失眠、记忆力下降、精神恍惚、吃不下饭甚至呕吐。联合国的一份报告把现代人的这种不是疾病的状况称为"亚健康"状态。长期处于这种状态，会诱发一些慢性疾病。

不仅如此，如果对工作产生倦怠心理，还会严重影响你在职场上的表现，一系列的连锁反应就会随之出现，工作犯错、业绩受损、升迁无望、形象打折。这些连锁反应会过早地扼杀职场人士未来在公司的前途，加薪、晋升等都只能成为空谈。

工作有激情才有成就，没有了激情，就注定只有灰色的未来。因此，如何爱上工作，让上班不再感觉是受罪；如何焕发新生，点燃对职业的激情，成为困扰职场人士和企业管理者的一个难题。

为了提高员工的工作效率，欧美的研究者自20世纪80年代起就致力于员工对工作满意度的研究。研究发现，那些对自己的工作抱有积极心态的人在工作中能够感到愉快、充实、放松、幸福等，这种良好的感觉不但来自他们对工作的兴趣，也来自他们对工作环境和条件的认可。换句话说，在工作条件既定的条件下，良好的心态在很大程度上决定了人们对待工作的态度，从而决定了他们在工作时的心情。而在这态度中，"敬业"是很重要的一点。

有三个砌墙工人，一个非常厌恶自己的工作，一个只不过是为了得到薪水而应付，只有一位是非常认真，一丝不苟地在做事。试问，这三个人中谁能取得更多的成就？毫无疑问，一定是那位敬业的工人，因为只有他真心地热爱自己的工作。

大多数人在工作中看到的仅仅是获得面包、衣服、化妆品、房子的一种"需要"，而很多时候这些需要就会变成沉重的负担压得你喘不上气。如果能超越这些，看到超越日常工作的东西，比如，你在工作中得到提升的能力，你职业的发展以及事业的发展，那你的工作就会变得有趣得多。

而"敬业"则是超越这些压力的最好办法。一个具有敬业精神的人可以在工作中释放出更多的热情和激情，离成功也就越近。

和很多刚进入职场的人一样，汤姆也远离家乡和亲人，孤身一人来纽约打拼。他梦想着能够打出自己的一片天地。可是，没过多久，汤姆初到纽约时所具有的热情就消失殆尽了，原因是他没有什么技术特长，连找了三份工作，可是没做多久就做不下去了。

刚开始汤姆十分苦恼，他觉得自己很没用，什么技能都没有还妄想在纽约闯出一片天，不如回家算了。就在汤姆打算卷铺盖走人的时候，一个偶然的机会，他获得了他的第四份工作——推销刷子。

虽然没什么坚持下去的勇气，但汤姆依旧抱着试一试的态度开始了新的职业。与前三次工作不一样的是，汤姆推销刷子时，总觉得有一种莫名的快乐和激情。汤姆这才发现，原来自己是天生的推销员，他爱上了这份工作。

由于喜欢这份工作，汤姆做起来干劲十足，销售业绩也十分突出，深受老板的赞赏。在推销刷子的过程中，汤姆和许多顾客能够愉快地进行交流。原来，他还具有交际的优势，很多人都和他成了无话不谈的密友。有了这些业绩，汤姆很受鼓舞，随后他以加倍的激情投入到了自己的工作进程中。

时间很快就过去了，汤姆慢慢积累了丰富的资金，也结识了很多顾客。于是，他自己成立了一家推销公司。随着公司的慢慢壮大，汤姆终于成了著名的商界大佬，最终实现了自己的梦想，打出了属于自己的商业天地。

如果我们觉得自己对现在的工作缺乏热情，那么不妨培养自己对工作的敬业精神。如果我们能够做到对工作敬业，那么自然而然地就能够获得工作的激情。有了热情，我们的工作面貌就能够焕然一新，我们也就能够创造出更多的辉煌！

挖掘你对工作的激情

把激情投入到工作中去，你会发现很多缺陷，主动想办法弥补这些缺陷，不仅会从中掌握更多的理论知识，而且还会给老板和工作伙伴留下干净利索的印象，毫无疑问，这对你获得成功也有很大帮助。

所以，一个人每天充满热情地去接受新的工作挑战，以最好的精神面貌去施展自己的才干，才能充分发掘自己的潜力。有了激情，你的内心也会发生质的变化，变得越来越有自信，别人也会认识到你的潜能与实力。

每个人的心灵深处都有像烈焰一样的激情。然而却很少有人能将自己的激情彻底激发出来。不难发现，那些缺乏工作激情的人一般意志力都很薄弱，经受不住任何挑战，特别是在工作时，遇到困难，就对自己失去信心，认为自己没有能力做好工作。这些人一天到晚愁眉苦脸，怨声载道，根本不能提起精神，即便有了好机会使情况出现转机，也会因为没有激情而白白错失机会。由于缺少激情，这些人不仅工作做不出成绩，甚至还会付出巨大的代价。

一个人的心理活动会影响激情的释放。为了充分释放我们的激情，所以，想要从工作中挖掘激情，就必须把自己心中影响激情的原因从根底抹去。

假如有火一样的激情，就一定能使自己的一切有所转变，成为你想象中的另一个自己。

克劳斯就是这样的一个人。他是一家公司的推销员，是一个给人感觉忠厚老实的人，可就是缺少魄力。同事们讽刺他是最不可思议的人，指的是，他是公司里业绩最差的职员。公司虽然很欣赏他的人品，但也只能考虑把他辞退。

就在此时，克劳斯突然爆发出了令人不可思议的潜力。他开始认真地工作，销售额也慢慢攀升。一年后，他已经成为公司的明星销售员了。又过了一段时间，他竟成为行业销售领军人物。

在总结大会上，克劳斯受到了公司高层的夸奖。董事会主席给克劳斯授完奖以后，对克劳斯说："我从来没有这样高兴地夸奖过一个人。你是一个杰出的销售员。不过，你的营业额高速增长，这巨大的转变是怎么实现的呢？能不能分享一下你的诀窍呢？"

克劳斯性格内向，并不擅长演讲，他有点腼腆地说："董事长先生及各位先生女士们，过去我曾因为自己是个失败者而自暴自弃，这一点我记得很清楚。有一天，我看到一本书，上面写着'工作需要激情'，我忽然好像感受到了什么一般，觉得自己不能再这样下去了。我找到了以前失败的原因，那就是缺少工作的激情。我坚信，我会改变的。第二天一大早，我就上街从头到脚买了一套全新的衣物，包括西装、衬衫、内衣、领带、皮鞋、袜子等，我需要全面改变自己。回家以后我又痛痛快快洗了个澡，头发也洗干净了，也把脑子里消极的东西全都洗出去了。然后我换上刚买的新衣，带着前所未有的激情出去推销。接下来，我的销售额上升了，也感到工作起来越来越得心应手。这就是我转变的过程，没什么复杂的。"

克劳斯的改变，只是由于他唤起了工作的激情而已。激情可以把一个人变成一个全新的人，这是一个多么令人赞叹的转变呀！事实上，很多人之所以工作做得不够好，甚至失败，就是和克劳斯差不多，缺少对工作的激情。

管理专家查理·琼斯告诉我们："假如你对自己的处境都无法感到快乐的话，那么可以判定，就算换个环境你也照样感到很难受。"换言之，假如你现在对自己所拥有的工作，自己所从事的职业，或是自己的定位都无法拥有一点激情，那你肯定无法将工作做好。

就算工作令自己很失望，也不要愁眉苦脸、碌碌无为，要学会控制自己的心情，激发自己的工作热情，让一切都变得充满活力。

激情对于工作的作用是非常巨大的。一个拥有激情的人才能将工作做好。工作中有了激情，我们就可以挖掘出自身巨大的潜能；工作中有了激情，我们就可以把乏味的工作变得快乐无比，使自己充满对工作的期望，使自己产生一种对事业进一步的追求；工作中有了激情，我们就可以感染身边的人，建立良好的人际关系，组建一个强有力的集体；工作中有了激情，我们就可以得到上司的赞赏和重视，获得更多提拔的机会。

有了激情，你的工作将会焕然一新。美国著名的成功学家拿破仑·希尔曾经这样评价激情："要想获得这个世界上的最大奖赏，你必须拥有对工作的热情，以此来发展和销售自己的才能。"

然而，在现实生活中，很多人对自己的工作和所从事的职业缺乏最根本的激情。比如说，早上上班时，慢慢腾腾地到公司后，懒懒散散地开始一天的工作，对待工作敷衍了事，拖拖拉拉，就盼着下班的时间早些到来。这些人缺乏一种对工作、对事业的激情。

其实，在这种现象中，问题并不是出在工作上，而是出在人身上。假如你本身不能对自己的工作充满激情的话，那么即便让你做你擅长的工作，一段时间后你依旧会怨声载道。

要想在工作中有激情，就要下决心在乏味的工作中振作起来，挖掘出我们对工作的激情来。充满激情，能够使我们在工作中充满战斗力。事实上，这也并不难。有句话是这样说的："湿柴点不着火。"缺乏激情，不是工作的问题，而是你的"易燃指数"不够让激情的火燃烧起来。点燃你心中对工作的激情之火，一切都会变得明朗起来。

那么，如何提高我们的"易燃指数"，从工作中挖掘激情呢？

第一，在工作中我们做任何事情都要比别人节奏快，不要总跟在别人屁股后面团团转。当电话铃响起时，抢先接电话，即使你知道不是找自己的；当客户或老板来时，最先起身迎接；召开会议时，最先发现该给他人的杯子里添上茶水。反应迅速、做事稳重、行动力强就是激情工作的最好表现。

第二，要想点燃对工作的激情之火，最重要的是要自动自发、积极主动地做事。如果我们能够积极主动地去做事，久而久之，这就会成为我们的习惯，习惯成自然之后，激情自然会焕发出来。

以最好的状态去工作

在工作中，我们需要用最好的状态去工作，因为只有这样，我们才能在岗位上创造出最多的价值。

什么是最好的状态？根据现代管理学的观点，最好的状态是指一个人在岗位上尽职尽责，不懈怠，不应付，他能够主动去工作，并且会在工作中不断提高自己的业务能力和水平。

那什么是阻碍我们发挥最佳状态的因素呢？

答案很简单，厌烦。假如一个人厌烦了自己的工作，那么就会在工作中丧失最佳状态，变得应付起来，得过且过。工作内容的单调、枯燥、乏味，吞噬了很多人的工作热情，让他们感觉到自己就像一台重复运转的机器，已经不知道喜怒哀乐为何物。

李琳 32 岁，在一家大型企业工作，每个月拿着令人羡慕的薪水，她有一个聪明的儿子，一个爱她的老公。按说她应该是幸福的。可是，最近，她却发现自己突然变得越来越"懒"了：懒得工作、懒得看书、懒得说话，甚至连以前最喜欢玩的保龄球也懒得打了。

她说自己大学毕业的时候，很庆幸自己找到了一份专业对口、收入稳定且颇丰的工作。开始的时候，她满怀信心和激情，不久就凭借自己的踏实和勤奋站稳了脚跟。可是时间久了，她发现，每天的工作都是例行公事，一沓沓文件摆在那里，好像一座山一样，永远也处理不完。第二天醒来又要重复前一天的工作，没完没了，看不到尽头，甚至有时下班后还得带一堆工作回家，或为了一个重要的会议而加班，感觉特别疲劳。由于工作没有新鲜感，李琳再也不像刚来时那样为了某个任务的完成而开心了。

李琳无奈地说，周围的人都羡慕自己拿着稳定的薪水，坐在舒适的办公室里，可是谁知道她过得并不好，每天只是泡在文件山、公文海里，填写一个个表格，那些表格很烦琐、枯燥，自己都不知道为什么要填写。李琳每天都感觉很累，很疲倦，甚至已经有了放弃工作，回家当全职太太的念头。可是，想想回家待着也许会更无聊，只好继续留在办公室里机械地工作着。

而且最近一年，李琳在晚上总是睡不好觉，情绪低落，经常发牢骚和发无名火，怎么也高兴不起来，去医院检查，却什么毛病也没有。她很是沮丧，总觉得自己像一潭死水，没有新鲜的活水来补充，也没有任何的波澜和起伏，似乎就是在等待情绪衰竭的那一天。

像李琳这类人在别人看来就是典型的"身在福中不知福"，但是也就像"家家都有本难念的经"一样，谁心里的苦也只有自己最清楚。

在现实生活中，有不少职场人士跟李琳的情况是一样的。在某一个岗位上做久了，就会逐渐失去新鲜感，这是一个很正常的心理现象。即便是自己喜欢的事情，如果成年累月重复做，也会感到厌倦的。就像一个人爱排骨，若是连续吃十天半个月的，估计也会厌烦。在厌倦和烦躁的情况下，一个人很难拿出百分之百的精力去工作，自然也就不能达到自己的最佳状态。

但工作的单调和枯燥总是不可避免的。一项工作干久了，看上去轻车熟路，实际上就会有一种重复"吃剩饭"的感觉。不过，"剩饭"也罢，鲜菜也罢，关键是要调整好自己的"口味"，不断地变换一些花样，只有这样，我们才能够让自己时刻以最好的状态去工作。

有一位教师曾经有很多机会改行，但是他却数十年如一日地在三尺讲台上干得津津有味。有一次朋友聚会，别人问他："这么多年，重复着一样的工作，你怎么还有激情？"

他说："任何一份工作都有其重复单调的一面，这要看你以怎样的心态去对待。像我教语文，绝不是年年如一，像吃剩饭一样，每次我都会加一些有趣的网络词语作为我的调料。而且，我经常跟各地的同行交流，并不断地看一些新的书籍，这样在编写讲义时就会觉得常写常新，这样讲课同学们喜欢，我自己也从中找到了乐趣。而且我经常会和我的学生聊天，从中也总会发现许多新的东西，毕竟年轻人的见识还是比较前卫的，有很多东西是值得我们去学习和借鉴的。"

从这位老师的经验中我们可以看出，其实我们有很多办法让自己保持最好的状态。上文中这个老师的办法是"不停地换花样"。除此之外，我们还可以做到以下几点。

第一，用感恩的心态去工作。假如我们在工作当中学会感恩，我们自然就不会对工作产生过多的厌烦。而事实上，工作当中的确存在许多值得我们感恩的，我们要感恩企业给你的工作岗位、感恩领导给你的工作机会、感恩同事给你的工作帮助。这些感恩能让我们建立起与工作之间的感情联系，有了这种感情，我们对工作自然不会太过排斥。

第二，用正确的价值观去对待自己的工作。我们要将薪水当成是工作的回报，但不能当成是自己唯一回报。另外，我们还需要把工作当成是事业。王永庆曾经说过，一个人把工作当成是职业，那么他会全力应付，但一个人把工作当成是事业，那么他会全力以赴。因此，我们需要将自己的工作当成是事业而绝非是职业。

第三，永远都要有一个自己的目标。当我们有了自己的目标之后，我们就有了动力。所以，想要达到最佳的工作状态，我们必须在工作当中不停地树立目标，并让目标成为我们奋斗的动力。

学会在工作中发现乐趣

我们每一个人的一生都离不开工作，工作虽然不是生活的全部，但我们一天花在工作上的时间总是不少于八个小时。如果一个人想要实现自己的人生价值，那么工作无疑就是他最好的选择之一，因为工作不仅仅意味着努力付出，它还会给人们带来丰厚的果实。

为了调查人们对于同一件事情在态度上的差异以及这种差异带来的不同影响，一位心理学家特地来到一个建筑工地作实地调查。此时，刚好工地上有三个忙着敲石头的建筑工人，于是，他分别问了这三个人一个相同的问题："请问，您现在在做什么事儿？"

听了心理学家的问题，第一个工人的脸顿时拉得老长，他语带怒气地回道："我在做什么？你难道没长眼睛吗？我正在用这把死沉的铁锤，敲碎这些可恨的石头啊！这些石头真是又臭又硬，我的手都快敲残废了，老天爷实在是太该死了！"说罢，他还使劲地甩了甩手，看他愤愤不满的神情，似乎恨不得甩掉自己悲惨的命运，以及手头上这把可恶的铁锤。

第二个工人则有气无力地哀叹道："我在修房子，这份工作可不是一般人能吃得消的，累死人不偿命啊！要不是为了养家糊口，谁愿意日晒雨淋没日没夜地敲石头啊？"他擦了擦额头上的汗水，满是无奈地摇了摇头，又继续挥手敲打眼前的巨石。

第三位工人却是一脸快乐的表情，他笑着说道："我正在修建这个世界上最宏伟的教堂，等它竣工之后，有很多信徒都会到这儿。虽然敲石头是一件苦差事，但每次一想到未来将有好多人到这里，我浑身就充满了积极向上的正能量。"

朋友们猜猜这三位建筑工人日后会有什么样的人生际遇？许多年后，心理学家找到了他们，原本在同一家建筑工地敲石头的三个人，现在竟然过着天壤之别的生活。

当年的第一个建筑工人现如今还是一个拿着微薄薪水的建筑工人，每天重复地干着敲石砌墙的辛苦体力活；第二个建筑工人的情况比第一个建筑工人要稍微好点，他现在已经是一个包工头了，每天带领自己的施工团队穿梭于各大工地，虽然衣食无忧，但也感觉不到快乐。至于第三个建筑工人，心理学家并没有花费太多的心思去寻找此人，因为他早就成为一个名气响当当的建筑公司老板，时不时地出现在各大报纸头版新闻。

三种工作态度造就三种人生际遇，与其说这是造化弄人，不如说是心态决定命运。

故事中的第一个工人之所以感觉不到敲石头的工作的意义所在，完全是因为他没有在工作中找到任何的乐趣。当他把敲石头的工作当成是一件特别痛苦的事时，他的人生也就成了一出极其煎熬人心的悲剧，除了愁苦和烦闷，又还有什么值得振奋精神的东西呢？

喜欢加缪哲学的人应该知道，生命本没有意义可言，处处充斥着荒诞和滑稽，正是因为如此，人类才要奋起反抗，像古希腊神话里的西西弗斯一样，推着巨石不断地上坡，即使永远无法到达山顶，也要凭借自己的不息抗争，向众神证明自己的尊严。

工作亦是如此，它本身并没有与生俱来的乐趣和意义，所有的价值全部是人为加诸在它上面的。不管我们从事的工作是单调乏味，还是趣味盎然，这一切都取决于我们看待它们的心境。

只要我们愿意在工作中成全自己的快乐，那么即便我们在建筑工地上干着泥水匠的粗活儿，也能把每一天过得生动多姿，意义非凡。反之，我们若是视工作如孙悟空头上的紧箍圈儿，认为工作不过就是为了图个马马虎虎的生存，那么我们休想享受到温暖醉人的阳光生活。

任志梁大学毕业后的第一份工作是行政助理，这个职位原本就是女生居多，任志梁作为一个大男生，成天和一群女同事打交道，确实有点不太自在。

工作的第一天，他就在QQ上向好友抱怨自己入错了行，寻思着是不是应该换一份工作。但身边的朋友纷纷劝他不要辞职，因为现在这个社会，找工作就跟找对象一样，下一个未必比眼前的这一个好，而且错过了这一村，未必就能碰见下一家店。

那该怎么办呢？成天愁眉苦脸地工作也不是一个长久之计啊，得亏任志梁还算是一个悟性不错的人，他觉得快乐是一天，不快乐也是一天，与其带着负面消极的情绪去工作，还不如调整心态，抖擞精神，努力在工作中寻找乐趣。

事实证明，他的想法是正确的，当他微笑着面对每一位同事时，同事们也纷纷释出自己的善意，不仅在工作上给予他宝贵的建议，生活中亦是对他照顾有加。平时他要是工作任务繁重，忙得跟高速运转的陀螺一样，总会有女同事主动请缨，替他分担一些力所能及的事。

被同事的热心和友善所感染，任志梁一下子就爱上了这家公司，喜欢上了自己的第一份工作。就这样，他的心情一好转，就连思维和手脚都要比原来活跃灵敏许多，烦琐单调的行政工作不再让他心力交瘁，每一天他都能从工作中挖掘到不同的快乐。

孔子曾说："知之者不如好知者，好之者不如乐之者。"在我看来，任志梁就是一个典型的"乐之者"，他把工作当成是一种快乐。众所周知，兴趣是一个人最好的老师，出于这个强有力的动机，我们又何愁干不出一番骄人的事业，何愁不能拥有幸福快乐的生活。

其实，在工作中寻找乐趣并不是无路可寻，只要我们有心，执着地往前多行进一步，快乐往往近在咫尺。

在工作中寻找乐趣的第一步，首先应该是怀抱一颗乐观感恩的心，全力塑造一个积极向上的工作观。世界上无法改变的事情多得数不胜数，唯有我们的心态可以任由自己做主。相信每一个人在做自己喜欢做的事时，很少会感到疲惫乏味，因此，我们一定要带着感恩之心去热爱自己的工作，只有这样，工作中的乐趣才会从天而降。

除此之外，积极的工作态度也必不可少，把工作当成巨大包袱的人，不仅不会从工作中找到乐趣，反而会沦为工作的奴隶。工作的时候就应该学习希尔顿，即便是洗一世的马桶，也要立誓当一个洗马桶行业最为出色的人。

最后，不要惧怕工作会枯燥无味，不管是哪一种工作，我们都可以从中挖掘出它的兴趣点所在。比如，有的职业需要和许多人打交道，人际交往其实也是充满乐趣的，与人交谈的时候，我们可以细心聆听对方丰富的人生经历，一方面增长了自己的见识，另一方面又为自己拓展了人脉资源，可谓是一举两得。

职场成功向来青睐开心工作之人，它就像一面一尘不染的镜子，我们笑着对它，它也会投桃报李，回赠我们一张嘴角漾起笑花的笑脸。那么还等什么呢？如果你现在正闷闷不乐、毫无激情地做着自己的工作，那么请立马转变心态，马不停蹄地在工作中寻找属于你的乐趣吧！

热爱工作，才能用心工作

热爱工作，就是一个人保持自发性，就是把自己的每一根神经都调动起来，去完成自己内心期望实现的目标。热爱工作是一种强有力的工作态度，一种对人、事、物和信念的强烈感受。

法国皇帝拿破仑一生征战四方，功勋卓越。殊不知，拿破仑发动一场战争的时间却出乎意料地短暂。通常来说，一场战争只需要两周的准备时间，要是换成别人会需要准备至少一年或者两年。这两者中间之所以会有这样的不同，正是因为拿破仑那无人能比的热情使然。战败的奥地利人在惊诧之余，也不得不称赞这些跨越了阿尔卑斯山的敌人。

拿破仑在第一次征战意大利时，只用了半个月的时间就打了六场胜仗，缴获了21面军旗、55门大炮，俘虏15000人，并占领了皮德蒙德地区。然而，在拿破仑取得胜利的硕果后，对方的司令官却恼火地说道："这个年轻的指挥官对战争艺术真是孤陋寡闻，用兵一点儿也不符合规则，他什么法子都敢使出来。"拿破仑的士兵正是以一种根本不知道失败为何物的热情跟随着他们的指挥官，取得了无数的胜利。

不难发现，如果没有热情，军队就不能取得胜利；如果没有热情，我们的社会就不会有震撼人心的发明，不会建造出富丽堂皇的建筑，不能用优美的文字去打动别人的心灵，不能用无私崇高的奉献去感化这个社会的冷漠。假如缺乏热情，你即便有再多美好的梦想，也无法实现。也正是由于热情的力量，著名天文学家伽利略才举起了他的望远镜，最终让整个世界都为之痴狂；哥伦布才克服了无数艰难，领略了巴哈马群岛的无限风光。依靠心中的热情，很多人的事业才获得了成功；依靠着热情，很多诗人才得以写下了他们伟大的诗篇。

而热情又是从哪里来的呢？答案很简单——热爱。一个热爱工作的人也一定是在工作中有热情的人，也一定能够在工作中用心地去工作。

有人可能会说，是不是所有人都具备职业上的热情呢？确实是这样。每一个人内心都充满了激情，也许它隐藏在胆怯之后，但是它总会激发出来。热情是实现愿望最有效的方法。只有那些对自己的理想有真正热情的人，才有可能实现自己的理想。

有一位科学家做了一个实验。那就是同时在纸上把曾见过的性格最好的朋友的名字写下来，还要说出为什么选这个人。结果很快就出来了，第一个人解释了他为什么会选择他所写下的那个人："每次他走进办公室，给人的感觉都是神采奕奕，好像生活里都是快乐。他为人宽宏大量、大公无私，总是非常鼓舞我们。"

第二个人也解释了他选择的原因："他无论在哪里、做什么工作，都是尽心尽力、绝不拖拖拉拉。"

第三个人说："他对一切事情都是尽职尽责，受人爱戴。"

这三个人是国外一些期刊的知名编辑，他们阅历很多，足迹差不多踏遍了全球的每一个地方，认识很多的朋友。这三个人回答完问题后，一起

185

把自己写的名字亮了出来，出乎意料的是，他们都写下了一位著名法律顾问的名字。

没错，工作需要热情和责任，需要奋斗和勤恳，更需要一种自发的、尽心尽力的精神。只有充满热情地工作，你才会得到更多的赞誉。与此相反，被动的敷衍了事、为了工作而工作的人，不可能在工作中投入巨大的热情和才华，更不会创造性地、尽职尽责地工作。一个没有热情的人是很难始终如一地高标准地完成自己的责任的。有成绩的员工，基本上都有着对工作极大的热情，这种热情是他们成功的基础和前提。

微软的所有员工都希望参加一些世界性的集团内部会议，这种场合对新职员具有特别强大的吸引力。无数的人聚在一起畅谈，每个人的脸上都散发着对技术的痴狂和对工作发自肺腑的热情。这样的会议常常是在大家的呐喊，甚至是眼含热泪的情况下结束的。假如这些场景能够激起你同样的感情，你就能够自然而然地融入其中。有人坦言道："假如没有这种激动的情感，你在和顾客沟通的时候就很难征服他们。这种情绪就来自于某种内在的因素。在这里工作，热情与才干都是很重要的。"

热情是一种能量，能使人有资本解决艰难的问题。热情是一种推进剂，推动着人们不断前行。热情具有一种带动力，洋溢在外表、闪亮于声音、展现于行动，影响和带动周围更多的人投身于工作之中。热情并不是与自己无关的东西，也不是看不见摸不着的东西，它是一个人生存和发展的关键。有了热情，我们才能更加用心地去工作。

有这样一个理论，人的价值＝人力资本＋工作热情＋工作能力。意思是说，一个人假如在工作中没有了激情，那么他的价值也就无从谈起。没有工作热情的人，工作时一定是盲目的，整天在浪费时间，应付了事，等下班，等发工资，等放假……这样的员工，何谈用心工作呢？

事实上，工作热情和工作能力并不是处于同一个位置上的。工作热情是工作能力的条件和基本因素，工作热情可以增强工作能力。有了工作热情，才可以将工作做好。没有了工作热情，整天浪费时间，那么只会是越干越无聊。

工作热情不是课堂上教师传授给我们的知识，也不是书本上每天背诵的理论，更不是父母天生就给我们的。它是对生命、对工作的高度痴狂，对社会、对他人的一片真诚，对技能、对理论的无限期望，对人生、对梦想的美好向往，是用真心点燃的爱的焰火，是以快乐的心情去打造、去行动的源泉。

工作热情来自你对工作的热爱，当你不能在工作中找到激情和力量时，请再一次反思你所从事的工作吧。无论哪一种工作都有它自身的奇特之处。公事公办式的职业方式在你眼里很可能是不切实际的，你可能会认为，上司给我涨点工资可能就会改变我的工作状态。事实上，这时你缺少的不是金钱，而是工作的热情。

假如我们有了工作热情和端正的工作态度，那么在不久的未来，我们一定可以取得良好的业绩。

第八章
用新时代的敬业精神成就
不平凡的自己

敬业

敬业能让平庸变为卓越

在这个社会，并不是所有人都能够成为商业名流，我们大部分人只能是在一个平凡的岗位上去创造自己的价值。但岗位的平凡只是相对而言的。一名优秀的员工可以在平凡的岗位上造就不平凡的自己，而对于那些庸庸碌碌混日子的人来说，岗位再好，他们可能也无法造就辉煌。

敬业就是热爱自己的工作岗位，热爱本职工作，敬业就是要用一种恭敬严肃的态度对待自己的工作。敬业作为最基本的职业道德规范，是对人们工作态度的一种普遍要求。

敬业是人类社会最为普遍的奉献精神，它看似平凡实则伟大，它看起来简单，做起来却很难。

作为一名劳动者，我们为什么要敬业呢？我们可以从两个方面来理解。

第一，企业需要具有敬业精神的员工作为支撑。一家企业如果没有一批具有敬业精神的员工存在，那么一定是走不远的，也不可能有长久的发展。因此，从企业层面来说，企业需要敬业精神。

第二，我们个人也需要爱岗敬业。不光是企业需要具有敬业精神的员工，我们个人也需要敬业精神来让自己得到提升。

我们都知道，现实社会中每一个工作岗位都是客观存在的，一个社会，现代化程度越高，分工也就越明细，对从业工作者的人员素质要求也就越高。我们以铁路为例，想要维护整个铁路系统的正常运转，需要高层的经理，也需要装车工、卸车工和维修工。试想，如果这些普通的工人没有敬业精神，从企业方面来说，整个铁路系统还能正常运转吗？而从个人角度来说，假如他们没有敬业精神，他们还能够让自己的工作变得优秀，让自己的事业生涯走向卓越吗？

当然不能，因为具有敬业精神是唯一能让一个人从平庸走向卓越的品质。

有的人或许会觉得，在平凡的岗位上能做出什么卓越的成就？只有那些身处高位的人才能做出不平凡的事迹。但事实真的是这样吗？

著名劳动模范、全国三八红旗手李素丽用她的事迹告诉我们，只要你足够敬业，那么也可以在普通的工作岗位上做出精彩的事迹来。

李素丽原本是公共汽车司机的女儿。上高中时，李素丽的梦想是当播音员。高考时，李素丽按照自己的意愿报考了北京广播学院。但是她以12分之差没能考上大学。落榜后的李素丽，到公交60路汽车当了售票员。李素丽在父亲的教育下，在周围同事的感染和帮助下，渐渐地爱上了售票员工作。

后来，李素丽又从60路调到21路。换了一趟线路之后，李素丽通过多年的实践和一点一滴的积累，练就了能根据乘客的不同需求，给他们最需要的服务的本领。上班族急着按时上班，李素丽见到他们追车就尽量不关门等他们；老幼病残孕，最怕摔怕磕怕碰，李素丽就主动搀上扶下；遇到不小心碰伤的乘客，她赶紧从特意准备的小药箱里拿出常备的"创可贴"；中小学生天性活泼，李素丽总要提醒他们车上维护公共秩序，外地乘客既怕上错车，又怕坐过站，李素丽不仅百问不烦，耐心帮他们指路，还记着到站提醒他们下车；遇到人生地不熟的乘客，李素丽从来不跟他们说"东西南北"，而是用"前后左右"指路，让乘客更容易明白；车下注意交通安全；遇到堵车，她就拿出报纸、杂志给乘客看，以缓解他们焦急的心情；看到有人晕车或不舒服想吐，她会及时地送上一个塑料袋……

李素丽就在这平凡的岗位上，用自己日复一日的劳动给人们带来真诚的笑脸、热情的话语、周到的服务和细致的关怀。李素丽售票台的抽屉里总是放着一个小棉垫，是她为抱小孩的乘客准备的，有时车上人多，一时找不到座位，李素丽就拿出小棉垫垫在售票台上，让孩子坐在上面。她的售票台旁的车窗玻璃在进出站时总是敞开的。即使下大雨，她也要把车窗打开，伸出伞遮在上车前脱掉雨衣、收拢雨伞的乘客头上。李素丽习惯在车厢里穿行售票，尽管总是挤得一身汗，可她却说："辛苦我一个，方便众乘客。"

具有敬业精神的员工是很容易在岗位上做出成绩来的。这个道理很简单，一个人只要在自己的岗位上几十年如一日认真地工作，那么他一定可以逐渐成为这一行里的精英，成为最有话语权的那一拨人。

因此，敬业精神更多的是给我们自己带来改变。

首先，具有敬业精神的人能够从工作中学到更多。敬业就意味着认真负责，他承担的责任要比一个不负责任的员工多得多，而在承担责任的过程中，个人本身的能力也能够得到历练。因此，也就能够学到更多，而这些都将是我们以后的资本。

其次，具有敬业精神的人能够将工作完成得更好。与那些敷衍工作的人相比，具有敬业精神的人可以将工作完成得更好，因为他们付出得更多，也更认真。而在这个看重业绩的时代，出色地完成工作任务无疑会让自己的履历更加出彩。

最后，爱岗敬业的品质能够让一个人变得更为可靠，变得更受青睐，自然而然地，他们就能够获得更多的发展和机会。在升职加薪的职场道路上，我们的可靠程度是一个重要的决定因素。而一个具有敬业精神的员工必定可以因此而获得更多的青睐。

全国总工会副主席、全国劳动模范许振超的辉煌人生也是从敬业开始的。

1974 年，许振超还只是山东省青岛港第二作业区机械四队的工人，但他对待工作十分认真，爱岗敬业，对工作不打丝毫折扣，他一直坚持"立足本职，务实创新，干一行，爱一行，精一行"的敬业精神，而他的这一坚持也让自己的人生轨迹发生了变化。

1984 年他被选为集装箱公司第一批桥吊司机，1989 年被公司评为最佳桥吊司机，1991 年担任桥吊队副队长，1992 年 10 月任桥吊队队长兼党支部书记。1997 年，许振超当上了山东省青岛港集装箱公司安全保卫部副经理。

此后，许振超的晋升之路也一直没有停止，在 30 年的时间，他的敬业精神让他平步青云，并最终在 2003 年当上了山东省青岛前湾集装箱码头有限公司工程技术部固机经理。

　　没错，敬业能够改变一个人的人生命运。有时候它带来的是一种荣誉，有时候它带来的是升迁。假如我们没有敬业精神，就算是在重要的岗位上也可能无法做出卓越的成绩来。

　　因此，我们说具有敬业精神是每一位优秀员工都应当具备的品质，因为有了敬业这一品质，我们才能够变得优秀，才能够让自己的事业从平庸走向卓越！

尽职尽责地工作

著名社会学家戴维斯坦言道:"自己放弃了对社会的责任,就意味着放弃了自身在这个社会中更好的生存机会。"在工作中,假如你放弃了对工作的责任,那么也就预示着你放弃了对自身发展的良机。责任心很重要,更重要的是在工作中要做到尽心尽力。

做好自己职责范围内的工作,这是判断一名员工是否合格的前提条件。工作中,每个人都扮演着不同的角色,而每一个角色都有其相应的责任。从另外一个意义上讲,角色饰演得好不好并不取决于你对职责的重视程度,而是做到的程度。

西藏隆子县玉麦乡地处我国喜马拉雅山脉南麓,那里是我国人口最少的行政乡,只有九户32人。在20世纪90年代,卓嘎姐妹在父亲桑杰曲巴的带领下组成了"三人乡"。父女两代人接力守护着1987平方公里的国土。

早在1990年之前,卓嘎、央宗姐妹俩和她们的父亲桑杰曲巴,是这片土地上仅有的百姓。一栋房子,既是乡政府,也是他们的家。父亲桑杰曲巴是个老民兵,放牧守边34年,从未离开过这片土地。

这个与世隔绝的山谷实际上危险重重,随时都会被泥石流冲下来的大树挡住了去路。由于玉麦乡地处高山峡谷地带,长不住一粒青稞。长期以来，玉麦人的所有生活保障全靠人背马驮运进大山。每年从 11 月到第二年 6 月都是大雪封山期，这里就成了出不去进不来的"孤岛"。

因为环境恶劣，年轻的姐妹俩多次希望跟父亲搬离这里，看看外面的世界。

央宗不理解，为什么父亲不愿意去更好的地方生活？直到有一次她发现，父亲翻箱倒柜的找来一些布在缝补些什么。

这一天，父亲把亲手做的第一面五星红旗挂在了屋顶上，央宗终于明白了父亲的心思，至今她都清晰地记得，父亲曾先后做过四面国旗。

玉麦乡的第一任乡长桑杰曲巴退休后，大女儿卓嘎继续担任起玉麦乡乡长，这一当就是 23 年。卸任后的卓嘎担任起驻村干部和妹妹央宗继续守护着这片家园。

他们父女两代，接力为国守边，长期为守边固边忠诚奉献。他们始终坚定继续守卫国土，建设家乡的决心，永作扎根边陲的格桑花。

一个人不管做什么工作，都应该尽职尽责。因为一个人只有在尽自己的最大努力来完成工作时，才能不断取得最大成就。这不只是工作的要求，也是人生的要求。假如没有了尽职尽责的精神，生命只会变成一潭死水。

不管你在什么工作岗位上，假如能全身心地投入工作，忘我地努力工作，就一定能将工作做好。任何一家公司都喜欢尽职尽责的员工，只有每个员工意识到尽心尽力是自己的任务，这个企业才能在日益激烈的市场竞争中取得胜利。

著名企业微软之所以能称雄全球，一直处于领先地位，并不是因为它有天才职员的支持，它的成功与每一位职员拥有"唯我独尊"的责任心紧密相连。他们以尽责为要求，并坚信只有自己才能肩负起这个崇高的任务。更重要的是，他们懂得要完成这项工作，只有每个人在各自的工作岗位上尽到自己的责任，公司才能不断向世人推出一流的产品。

尽职尽责要求员工在自己的岗位上把工作做到完美，每一个细节都要兼顾到。一个把责任心贯穿工作始终的员工，会把负责任变成一种要求，变成脑海里的一种自发意识。在日常的生活和工作中，这种责任意识才会让员工自己表现得不平凡。一个合格的员工，不仅仅是做好自己分内工作，还要有高度的责任心，做到毫无瑕疵，让上司和公司感到骄傲。这才是尽职尽责的表现。

一位人力资源部主管，在给新职员进行职场课程学习讲解时，说到了他的一次亲身体会。他对公司新职员说，他一辈子都忘不了那次经历，并且他要组织公司的职员也接受一次这样的训练。因为，他想让所有的职员明白，什么是责任。

故事还要从几年前说起。

有一次，他参加了由某单位组织的拓展训练。训练规则是这样的：一群陌生人组成一个团队，每个团队都需要完成四项任务，每一项任务都需要集体来实现，假如有一个人没有完成，那么输掉的将是整个团队的积分。

每一项任务都非常难。不过还好，他们这支叫作"野狐"的队伍已经完成了最艰难的三项，只剩下最后一项任务了。就是让队员必须爬到十米高的一个柱子上，然后站到立柱顶端的一个圆盘上，接着向斜前方纵身一跳，凌空抓住距离自己有1.2米远的一根横木，才算完成任务。据那里的工作人员说，有很多人到了圆盘上根本不敢站起来，甚至都吓哭了，更别说完成任务了。

没有一个队员有充分的把握可以完成任务，许多人甚至连上场的勇气都没有。可是任务又一定得完成，要不然所有的努力都将白费了。

关键时刻，总会有一个人敢"吃螃蟹"，在其他队员近乎喊破嗓子的呐喊加油声中，这个敢"吃螃蟹"的人成功了。大家相互加油，一个接一个都完成了任务。轮到最后一位了，她是一个柔弱的女孩。

当她刚刚爬上立柱的时候，她的腿就在抖，并且抖得越来越厉害。他知道，其实很多人也明白，他们要输了。但大家还是给了她最坚强、最激烈、最倍受鼓舞的理解和激励，还有指导，因为那个时候输赢已经不重要了，大家觉得不能让她一个人落下。这是他们的责任，"她是我们的队员，我们有责任带她一起离开。"

她蹲在圆盘上，大家的心已经提到嗓子眼儿。看得出，站起来对她来讲都是极为艰难的事情。大家还在拼命呼喊，虽然大家都明白，对于站在十米高地方的她来说，大家的声音很低，甚至根本听不清大家在说什么，但大家能做的只有这些。他们必须把那些能做的做好，为什么？因为这是责任。

过了一会儿，她真的站了起来。这时候，所有人都屏住了呼吸。

等了好久之后，她纵身一跃。那一刻，其他人的心跳比她的更快。

她成功了。紧接着是雷鸣般的掌声，很多人的手都拍疼了。不仅仅是因为胜利，最重要的是完成了任务。大家的任务，还有女孩的任务。大家没有丢下她不管不问，她也没让大家失望。

后来，这个女孩告诉大家说她有轻度的恐高症，"可是，我不能放弃，我的放弃会使整个集体输掉。"她的话像锤子一样重重地砸在了大家的心里。大家瞬间知道，那是责任的力量。

每个企业都是一个息息相关的有机整体，好比人体各个器官的运作一样，需要每个员工都把责任固定在自己的肩膀上。假如企业的每个职员都能尽责，积极分担责任，那么企业的辉煌就指日可待。其实，职员的尽责不只是为企业赢得了更大的经济效益，更是为自己赢得了巨大的发展机遇。

在日本本田公司，有这样一个汽车销售员，名字叫林子文。这个中年女子，没有任何汽车销售经验，可是却创造了令人惊叹的销售成就。

林子文对汽车行业一窍不通。为了攻破这个难题，林子文从头开始学习。在业余时间里，她购买了大量如砖头般厚重的专业书刊，不分昼夜地恶补理论知识。她没有任何汽车销售经验，当其他同事向客户解释汽车方面的问题时，她甚至比顾客听得还要认真，紧接着，她会在心里默默地将同事的话回想一遍。为了把这份工作做好，林子文付出了比其他人多几倍的汗水。无数个晚上，丈夫在卧室里看着表等她，直到再也熬不住了才独自一人睡去。而林子文则依然静静地在书房里学习理论知识。

这种对工作的热情得到了公司的认可，她以最快的速度成为店里销售业绩最好的工作人员，让很多做汽车销售的同事惊叹不已。林子文的努力是出了名的，她的敬业精神也是令人赞叹的。

带着强烈的责任去工作，就是对工作能力的最有益弥补。高度的责任心让林子文获得了成功。《华尔街时报》曾这样评价林子文："林子文一心一意奋斗在销售行业，她的敬业精神和工作业绩在男本位的日本商界显得尤为可贵。"正是缘于她的这种尽职尽责的敬业精神，她才能始终保持着每年销售 100 辆汽车的最佳销售业绩，并借此开始了她的升迁道路。

　　不管从事什么职业，只有尽职尽责、尽心尽力地工作，才能在工作中有所收获。尽职尽责，才能为自己获得更大的发展机遇。假如三心二意、拖拖拉拉、敷衍了事地对待工作，那么这样是永远无法做好工作的。

　　每一个人从诞生那天开始，就生活在这个复杂的社会关系中，和他人、团队、社会之间存在着各种各样的责任联系。

　　正因为责任的广泛存在，使得我们能得到别人的认可，能被尊重，能变得更优秀。带有责任心的品格，是一种大家都明白的品格，却又是极少数人能够把它发挥到极致的稀有品格。有调查显示，近九成的优秀推销员不是那些油嘴滑舌、擅长交际的人。与此相反，他们都是性格内敛，相貌不出众的人，他们不觉得自己有多少能力，不会为自己的成绩盲目自满、飘飘然起来。他们都是具有强烈责任心，具有优良品格的好职员。

在工作中让自己强大起来

美国心理学家约翰·威廉·阿特金森认为，个人的成就动机可以分成两类，一类是追求成功的动机，另一类是回避失败的动机。不管出于哪一种动机，我们都可以看出，其实每一个人的心里都住着一个渴求完美的小人儿。

因此，当人们在选择工作的时候，一部分人总是倾向于对高难度的工作发出挑战的信号，而另一部分人则束手缚脚，只愿意做一个谨小慎微用处不大、人人皆可取而代之的"鸡肋"。对于那些时不时出现的极其困难的工作任务，"鸡肋"型员工从来不敢主动发起"进攻"，在他们看来，如果想要保住眼前这个虽发不了财但也饿不死的饭碗，那么最好还是乖乖地待在自己的乌龟壳里，免得日后被挑战失败带来的巨大挫败感伤得体无完肤。

王辰光是一所普通大学文秘专业毕业的大学生，毕业之后她就在一家外资公司担任部门主管的助理一职。至今工作已经好几年的她，在扣除五险一金后，每个月拿到手的工资大概有 3000 元。生性喜欢稳定、闲散和简单的她，当初在选择工作的时候，总爱将眼光放在一些没有多大挑战性的文职工作上。

助理工作虽然容易上手，但是长久地做下来，也未免有些枯燥、单调和乏味。王辰光渐渐地感觉有些力不从心，为了排遣不快，她经常给朋友打电话，在一次电话中她说："我真不知道自己还能坚持多久，虽然我现在对这份助理工作已经快驾轻就熟了，可每天都干着同样的活儿，就跟天天吃一道菜一样，再这样下去，我迟早会发疯！"

电话那边的朋友在听到这些一反常态的丧气话后，着实为她内心的烦闷感到些许的担心，对她说："你是学文秘出身的，之前不是一直特别想要从事文职工作么？好不容易积攒了这么些年的工龄，你可不要因为一时的灰心丧气将它付之一炬啊！"

王辰光深深地叹了一口气，说："工龄有什么用啊？在公司领导的眼里，我就是一块鸡肋。即便我每天都会接手一堆鸡毛蒜皮的小事，尽心尽力地为公司付出，可他们总认为我是一个可有可无的员工，即使离开了，迟早也会有人接替我的职位。"

说到这些，她的语气明显有点激动，声音一下子增大了好几倍。于是，朋友连忙安慰她，"照你这么说，辞掉这份工作也未尝不是一件好事，既然你做得那么不开心，还不如另觅高枝，换一家好一点的公司，选一个好一点的职位重新开始。"

"唉，我现在也是一团迷雾。工作了好几年，我的工作经验可以说是被文职工作给圈死了，要想换一个行业东山再起，恐怕难于上青天啊！"王辰光感觉自己现在是进退两难，进一步是万丈悬崖，退一步是无边暗谷。

其实，像王辰光一样沦为"鸡肋员工"的职场人士并不在少数。其中大多数的人还将这份让自己饱受煎熬的工作视为安身立命之所，尽管他们感觉现在的工作已经毫无出路和趣味可言，却始终在这每天八小时的工作里混吃等死。因为，命悬一线的理智在提醒他们需要生存，所以很多人还是选择待在这逼仄狭窄的"安全屋"内，不敢打破现有的工作状态。

这样做的结果是不言而喻的，"鸡肋员工"的精神状态肯定会一日不如一日，在公司的每一分每一秒都将变得度日如年，除了紧张、厌倦以及无可奈何之外，他们根本感觉不到任何工作的快乐。更有甚者，在未来的某一天，公司老板可能突然看他们不顺眼，一怒之下毫不留情地将他们扫地出门。所谓鸡肋，食之无味，弃之可惜，但这可惜并不是永久性的，只要找到了合适的人选，公司领导就会像扔掉烂抹布一样，再也不会对他们多看一眼。

因此，行走职场，尤其是对待将决定我们一生的工作时，我们一定要拿出万分的谨慎和加倍的钻研精神，学会在工作岗位当中提升自己，而不是整天自怨自艾。为什么这么说呢？王辰光之所以会觉得助理工作毫无前途和乐趣可言，那是因为她事先就已经界定了助理工作的内容和实质，此举其实跟画地为牢别无二致。

我们若想获得职场成功，首先要做的事就是粉碎内心渴望安于现状的念想，然后在日常的工作之余，努力学习，提升自己各方面的能力。一味地埋首在烦琐的日常事务里，等我们抬起头来的时候，远方除了一片阴郁的暮色之外，压根就寻不到一丝光明。我们应该腾出一点时间让自己进行独立思考，或是补充更多对工作有用的知识，竭尽全力地打造自己的核心竞争力，最后成为某一个领域的精英人才。

在职场摸爬滚打，钻研并没有捷径可走，努力做到以下几点，即使当不上能独当一面的"鸡头"，我们也可以摆脱"鸡肋员工"的耻辱称号，让自己扬眉吐气一回。

第一，为自己设立一个高标准，认真对待工作中的每一件事。高标准的要求才能产生高质量的成果，当我们力求尽善尽美，把自己的分内工作做好时，我们成长的速度会更快，从中收获到的经验也会越多。

第二，把公司最优秀的同事当成自己学习和竞争的目标。职场当中没有人敢说自己的能力已经臻于完美了，因此，我们要向优秀的人看齐，时时刻刻把他们看成自己学习的榜样以及竞争的对象，我们才能"近朱者赤"，茁壮成长，假以时日化身为一棵与他们比肩而立的参天大树。

第三，不惧挫折，直面困难。困难和挫折总是无情地摆在通往成功的路途中，而面对挫折和困难时最好的武器便是坚持不懈的意志。在成功的路途上，没有哪一样东西比坚持不懈的意志更为可贵。那些得到赏识并且成为某一领域权威的人士，都是性格坚韧的人。坚韧的个性能使人不讨厌工作，每天奔波不觉劳累。它所产生的能量持续不断，加以控制和引导，就能变成一种认真，进而提高自己应对挫折的忍受力。真正坚持不懈的人，能将种种失落的情绪抛在一边，不断锐意进取。

第四，永远保持着一种不断挑战自我的信念和决心。"鸡头"可以做，"鸡肋"决不当，我们如果不愿意像软弱的绵羊一样终生吃草，就得拿出狼一般果敢的进取精神，鞭策自己不断进步。暂时地身居低位没关系，高昂的斗志和积极的钻研迟早会助我们青云直上。

人们常说，不能让孩子输在起跑线上，但是现实却告诉我们，每一个人的起跑线从来就不在一条水平线上。虽然许多职场中人并没有得天独厚的家世背景，可老天爷毕竟还是公平的，在时间的王国，所有人都站在同一高度的平台。面对工作，我们不妨拿出自己的拼搏精神，充分运用自己的聪明才智，在钻研的道路上越走越远，直到遇见繁花锦簇的明天。

没有最好，只有更好

"百尺竿头须进步，十方世界是全身"，即便你现在已经取得了辉煌的成就，也不要骄傲。山外有山，只有更加努力，才能达到事业的更高峰。

在现实工作中，只有那些不满足于当前所取得的成就，不断进取，不断在工作中追求自我的人，才能将工作做好，取得事业的成功。一个人只有通过不停地进步，不断地努力，超越对手，超越自我，才能在职场上生存下去。要想在激烈的竞争中有所成就，就要不停地超越自我，将工作做到完美。没有人天生就是赢家，财富和幸福的收获是长时间拼搏的结果，而不是靠运气和等待的结果。

成功是坚持不懈、辛苦付出、日复一日努力的结果。要成功必须严格要求自己，勤奋努力，踏实上进。

古人云，"青，取之于蓝，而胜于蓝；冰，水为之，而寒于水。"假如一个员工能够严格要求自己，每天都让自己比昨天做得更好一些，更进步一些，能够在工作中做取之于蓝的"青"，做寒于水的"冰"，能够事事有进步，将工作做得更好。

或许每个人都拥有难以预测的潜力，那些说万事"差不多就行"的人，等于浪费了自己的潜能。换言之，只有以"完美主义"的态度来进行工作，才能把自己的潜能和智慧最大限度地发挥出来。但是，有些人本来就有很不错的能力，却因为不具备尽责的品质，在工作中经常出现错误，结果让自己的前途毁于一旦。所以，事业上要想成功，就应该想尽一切办法把自己的工作尽可能做到更加出色。

将那些平常的、细小的工作认真地做好，才有可能使人慢慢地走上更重要的岗位，并创造出更高的效益。平时奉献出来的执着和辛劳，可以使我们进入到升职的大门。在工作时，只有做得比一般人更好、更快速、更正确、更有激情，你才能不断地发展和成熟。

只有持续不断地努力，超越对手，超越自我，才有可能做好工作，取得良好的业绩，摘取成功的硕果。

美国商界大佬杰克•韦克奇坦言："员工的成功需要一系列的奋斗，需要解决一个又一个挫折。所以我们要时刻准备着超越自己，战胜困难。"

骄傲自满是一种个人主观主义情绪，这种情绪对工作很不利。许多员工在没有取得一点业绩的时候，发奋努力，像老黄牛一样勤勤恳恳地工作；而一旦有一天取得一点儿业绩之后，就骄傲自满、得意扬扬起来。这种容易骄傲的性格只能让他们自己重新回到以前平庸的阶段。

百货业举世闻名的推销员爱莫斯•巴尔斯是一个具有进取精神的人。直到老年，他依然保持着活跃的大脑，不断产生出令人赞叹的新想法。每当别人对他取得的辉煌业绩表示祝贺时，他都不会把这些放到心里去，他总是会高兴地说："你来听听我目前这个新的构思吧。"他九十多岁时不幸患了癌症，当有人给他打电话表示安慰时，他却一点儿也没有悲伤的情绪："你看，就在现在，我又有了一个奇妙的想法。"在病重之时都不忘多想一些，可见其对自己要求之高。

在激烈的职场中，我们也需要对自己严格要求。其实，摆在我们面前的路只有两条，要么进取，要么出局，绝对不能让自己停留在现有的阶段上。

因为只有不满足于当前，期望更大程度地发挥，才能帮助我们不断取得新的成就。

那些在事业上取得辉煌业绩的人，都是抱着"努力进取"的心态，奋力前进的。

成功的人在达到自己心中的目标后又接着设定下一个新规划，再次接受无限的挑战，直到完成任务为止。以前的目标实现后，又怀揣新的理想，向更远、更深、更专业的领域，迈开自己的脚步。他们对每天的点点滴滴能感受到一样的快乐，一直保持昂扬的斗志，精力高涨、日复一日地昂首奋斗，无论在任何时刻都不会丢失自己的热情和耐性。他们每时每刻都在为自己新的目标努力奋斗。

21世纪是一个缤纷多彩的世纪，长江后浪推前浪，一代更比一代强，假如你始终是在原地踏步，不思进取，那么很不幸，社会的大潮就会把你抛在岸头，后辈也会迅速赶超上来。只有改变自己的固有思维，改变陈旧的思维模式和行为模式，才有可能让自己更好地发展。

其实，超越自己并没有那么困难。我们回过头来看一看，生活中有多少看似高远的目标已经被实现了。而整个人类社会都是在不停地超越，从蒸汽时代到电气时代，从电气时代到电子时代，人类因超越而变得更加伟大。同样，假如我们在岗位上能够不停地超越自己，那么就算岗位再平凡，我们也能够创造出一个不平凡的自己，创造出属于我们自己的辉煌。

你不是没有时间，而是不会利用时间

美国麻省理工学院曾经对 3000 个经理做了调查研究，发现凡是优秀的经理都能有效地安排和利用时间，使时间的浪费减少到最低。美国著名的管理专家杜拉克教授说："认识你的时间，是每个人只要肯做就能够做到的，这是一个人走向成功的必经之路。"

小张是一个大学毕业才一年的职场新人。他在一家润滑油公司从事销售工作。每个月头到月尾，小张都忙得不可开交。有时候，他甚至忙得没有时间理发、购物……

像一个陀螺一样连轴转，勤奋是够勤奋，但时间长了人还是受不了。一次，小张大学的老师在街上看到小张一副憔悴的模样，就问了他近况。在通过详细的了解后，老师告诉小张需要好好学习一下时间管理。

可能有人一听到"时间管理"这几个字就会误以为是必须要忙个不停。事实上，在短时间内做很多事确实是时间管理的手法之一，但却并非时间管理的全部。适当利用时间，增加悠闲时光，更是一种高明的时间管理。就像抽屉经过整理之后，虽然可以再收纳更多的东西，但不见得非要塞满不可。就算只放了七分满，只要能让抽屉里的东西好找好拿，就能给你带来舒适和便利，对工作的帮助就更不用说了。更何况，对剩余时间的管理还攸关着你的幸福呢。

珍惜时间不是人天生就具备的，但是一个人如果有心，他便可以督促自己珍惜时间，久而久之，习惯成为第二天性，就不必特意费神去关注了。但对于一些自制力差，管不住自己的人来说，就有必要在专家的指导下，有意识地培养科学合理的时间观，增加自己时间的利用效率。

要善于集中时间，不要平均分配时间。要把自己有限的时间集中在处理最重要的事情上，最好不要期望每样工作都抓，要有勇气拒绝不必要的事情。这意味着你每做一件事情，都要脚踏实地完成。很多人会反问："既然要充分利用时间，我多干些活儿有什么不对？"没什么不对的。但是你必须脚踏实地地完成每一件工作。

如果你接了第二个活儿就把第一个活儿给丢了，那你永远不可能做好事情的。一次只做一件事情，一个时期只有一个重点。聪明人要学会抓住重点，远离琐碎。应该把精力用在最见成效的地方，所谓"好钢用在刀刃上"。要懂得处理事情的轻重缓急，要懂得重点的事重点对待。

要善于处理两类时间。对任何人来讲，都存在着两类时间：一类是自由时间，归个人自由控制；另一类是"被动时间"，属于对他人和他事做出反应需要的时间，不由个人自由支配。这两类时间对个人来讲都是存在的，也都是必要的。在你进行各种计划时，你必须考虑到"被动时间"，如果你忽略了它的存在，那可能会造成不必要的麻烦。

要善于利用零散时间。你的时间可能会被自己的事情分割成很多零散的时间。你所要做的事情就是，珍惜那些不起眼的时间，并充分利用大大小小的零散时间，用来为你自己创造收入。例如，一个人难免会有等人、等车、买菜的时候，利用这些时间来整理思路或看书等也是充分利用时间的一种表现。

要有明确的目标。你应该已经明白，你的财富目标是你成为百万富翁的首要条件。在你明确了你的目标之后，你就可以大大节约时间。要成就一件事，必须有一个目标为向导，这样你才能少走、不走冤枉路，每一分每一秒都能好好把握住。每件事务的处理都是手段性的，都在为一定目标服务。明确目标，少走弯路，减少无谓的时间消耗，不要去处理重复出现的事情，是你应该养成的习惯。

要能安排好你的时间。着手把你每一天要做的事情记下来，别期望要靠脑子记，那样容易出问题。如果你还没有安排工作日程的小本子，就去买一本。你要养成这样的习惯：随时记下你的想法和计划，然后安排好实现这些想法和计划的时间。你必须立即行动，去实现你已经计划好的事情。今天要做的事情必须在今天完成，不要拖拉，这样做也会增加你的满足感和成就感。

要充分发挥每一分钟的效用。要充分利用每天的所有时间去做有实际效用的工作。要对照着你在工作日程本子上记录的项目去考虑问题，把有可能取得成果的每一件事都安排到日程里去，把工作时间的每一个空当都安排好事情，每一分钟都要利用。

做最重要的事情。一个小故事说明了这个问题。一个年轻的伐木工人身强力壮，第一天，他开始砍树时砍了十棵，第二天虽然也非常卖命，但是只砍了八棵，第三天更少。于是他越发卖力地砍树。这时，有一位老人走过，问他："你为什么不停下来，将你的斧头修一修呢？"年轻人抬起头说："我哪里有时间啊？我正忙着砍树呢。"这就是"磨刀不误砍柴工"的道理。很多人在生活中也像这位伐木工人一样，表面上看起来很忙，但是实际的效率却非常差。你首先必须做完对你目前来讲最重要的事情，接下来的事情才会顺手。

要学会利用工具。利用电脑可以使你快速得到所需的信息，减少重复的文字工作。利用记事本、通讯录、台历等工具将有助于你有计划地利用时间。

要学会避免争论。无谓的争论不仅影响情绪和人际关系，而且还会浪费大量时间，到头来还往往解决不了什么问题。说得越多，做得越少，聪明人在别人喋喋不休或者面红耳赤时常常已走出了很远的距离。

在经济学中，将人在选择后所丧失的其他机会中可能获得的最大利益称为机会成本。注意是"可能获得最大利益"。机会成本是经济学原理中一个重要的概念。任何决策必须做出一定的选择，被舍弃掉的选项中的最高价值者即是这次决策的机会成本。在你面临两件甚至多件事需要做选择时，要选择对公司"可能获得最大利益"的那件事。

时间管理不仅对职场人有意义，而且对任何人都有意义。时间管理实际也就是时间的一种规划，不论是职场人或是个体人，规划时间的观念越强，那么他就越早完成自己的终极目标。对时间的合理规划是人生踏上成功的关键之一。

敬业成就非凡的你

具有敬业精神是要求我们在走上工作岗位、开始职业生涯时就应该具有的一种最基本的职业素养，也是我们一生都应当坚守的工作品质。具有敬业精神的基础是爱岗，只有热爱你的工作，你才能在这个位置上认真工作。

职业岗位是人生旅途拼搏进取的一个阶段，是实现人生价值的重要平台。爱岗，就是热爱自己的工作。面对上司安排的工作，不能推脱不干，不能找理由，你必须得完成它。但是，只完成还不够，爱岗还需要有热情，自觉主动地完成，追求卓越。

我们经常在大街上看到辛勤工作的清洁工人。清洁工作脏吗？累吗？对很多人来说，这项工作又脏又累，甚至感觉到扫大街很没有面子。可对优秀的清洁工人来讲，他们不会有这样的感受。因为有足够多的理由促使他们去做这件事：第一，城市需要他们，需要他们用劳动保持路面的整洁。第二，这是他们的本职工作，他们敬畏它，使路面保持清洁是他们的职责。

敬业，其实就是一种奉献的写照，把个人的利益放在集体的利益、国家的利益之后。奉献精神，是爱岗敬业的体现。只有具有敬业精神的人，才能在自己的工作岗位上认真刻苦、兢兢业业、不断超越，才能为自己和公司做出业绩，为国家和人民做出贡献。

有人或许会这样认为，重要的岗位更能调动人的积极性，而那些简单的岗位很难让人产生敬业之心，实际上并不是这样。

我们要知道，工作没有本质的差别，劳动最光荣。不要认为你的工作岗位很渺小，就可以敷衍了事，就做不出非凡的成就来。殊不知，时传祥是淘粪工人、王进喜是石油工人、李素丽是公交车售票员……他们中的哪一个不是在平凡的岗位上做出了不平凡的业绩？

敬业其实并没有那么难。假如你是公司最底层的一个业务员，天天在大街上与各种顾客交流，你笑容满面，把公司的产品用最和气的语言介绍给别人，赢得大家的喜爱，那你就做到了敬业。假如你是一个工厂的文员，那么整理好每一份资料，保证没有一个错误，这也是敬业的体现。只有在平凡的岗位上表现优秀了，你才能在不平凡的岗位上取得更大的成就。

那么，具体来说，我们怎么样才能做到敬业呢？

第一，把工作当事业。铭记一句话，任何工作都是有意义和价值的。对个人来讲，这是为自己的事业奠定基础的；对公司来说，人人都敬业就会形成一股凝聚力，这股凝聚力必定会推动企业的进步。

第二，要有团体合作的理念。在这个世界上，没有完美的个人，只有完美的集体。没有众人的帮助，一个人根本不可能独立完成一项计划。

第三，要自觉主动地去工作。不要等上司为你安排，不要等别人来抱怨你。工作中应该勤快，做事不拖拖拉拉。

第四，一定要有强烈的责任心。把单位的事情当作自己的事情，主动承担责任，不要为失败找任何理由。

此外，我们还要爱惜自己的工作，不要总是三心二意。爱惜自己的工作，也是敬业的表现。

意大利著名高音歌唱家帕瓦罗蒂曾经经历过这样一件事。当年轻的帕

　　瓦罗蒂从师范学院毕业后，他问父亲："我是选择当歌唱家呢，还是当老师？"父亲回答他说："你如果想同时坐在两把椅子上，只会从椅子中间掉下去。你只能选择一把椅子坐。"同样的道理，假如你选择了多个工作，那么，到头来只会一无所获。你不爱惜自己的岗位，想着其他的工作，自然会有人来取代你。只有认认真真地充分利用自己在岗位上的每一天，努力进取，奋发有为，才能获得人生的辉煌。

　　敬业是推动公司发展的必然需要，也是每位职员实现个人抱负、取得个人成功的必由之路。一个人要想在工作上取得成功，在职业之路上赢得辉煌，就必须具有敬业的品格和道德，并为之努力地工作。在行使好工作职责的进程中，体会和寻觅到自己的思维。投机只会有一时的快乐，踏实肯干才能得到一致的肯定和支持。

　　敬业是每个员工必备的职业素养。对工作兢兢业业，就是敬业精神的具体表现。有高度责任心，工作态度始终如一富有热情，认真地对待本职岗位，尽心尽力地投入工作，这样的员工是具有敬业精神的员工，是最可敬的员工。

　　其实敬业说到底还是一种责任承担，因为一个能够主动承担责任的人需要有敬业之心，相反，假如一个人没有承担责任的意识，那么他就很难说是一个敬业之人。

　　某地一家大型餐饮连锁公司打算招聘一名行政总经理。招聘公告一发出去，求职电话便应接不暇。面试当天，一下来了200多人，厨房里挤满了准备要面试的大学生。面试进行了整整一个下午，从始至终，厨房的洗碗间有一个水龙头一直在"哗哗"地流着水，可是竟然没有一个人主动去关掉它。

最后，董事会宣布，这次前来面试的人没有一个达到企业的要求，所以一个也没有录取。事后，有人问其缘由，这家餐饮机构的董事长说："我们只是希望找到一个敬业的人，可令人悲哀的是，这样的人真是不多见啊，连水龙头都不去关的人我能录用吗？"

对公司来讲，职员的能力很重要，然而更重要的是，员工是不是具备责任心，是不是能在自己的职位上认认真真，是不是能把工作当成自己的事来看待。

责任是我们每个人都需要承担的，没有人能够逃避。复杂的社会关系中，到处都是责任。只要你工作了，就表示你对这份工作有责任。坚守责任就是坚守我们自己最根本的做人的道德。在这个变幻莫测的环境里，没有不需要承担责任的职位，也没有不需要完成任务的工作。因此，在工作中我们要尽心尽力，把所有的事情做好。

一个职员的责任心会产生很大的影响力，能使公司在竞争中处于优势地位。

海尔公司的一位职员说过这样的话："我会随时把我听到的、看到的对我们海尔公司产品的建议记下来，不管是在和朋友的聚会上，还是走在街上听陌生人说的。原因是作为一名职员，我有义务和责任让我们的产品更好，有责任让我们的企业更成功、更美好。"这就是海尔公司员工的责任意识，这就是海尔的产品能够畅销全球的重要秘诀。

责任来源于对事业的热爱。假如你不能把工作当作一份事业来看待，那么责任就无从说起。著名作家托尔斯泰说："一个人假如没有热情，他将一事无成，而热情的基础正是责任心。"所以，尽责就要敬业，工作需要激情。只有真心认真、激情四溢，才会心潮澎湃地做一番事业。

责任来源于对价值观的追寻。人生价值需要依靠工作来实现，它取决于负责任的态度，更得益于负责任的行为。无论在什么岗位上，我们都应该兢兢业业地承担起属于自己的责任，成为一名具有敬业精神的好员工，最终成就非凡的自己。

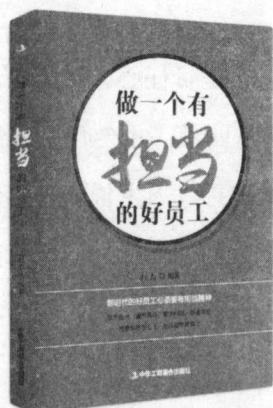

《做一个有担当的好员工》

书号：ISBN 978-7-5158-2385-0

定价：42.00 元

《中小企业纳税常见问题解答》

书号：ISBN 978-7-5158-2413-0

定价：58.00 元